新能源译丛

Energy Storage Devices for Electronic Systems:
Rechargeable Batteries and Supercapacitors

电子系统储能装置：
充电电池和超级电容

[新西兰]Nihal Kularatna（古纳拉特尼）　著
《电子系统储能装置：充电电池和超级电容》翻译组　译

中国水利水电出版社
www.waterpub.com.cn
·北京·

内 容 提 要

本书总结了作者在新西兰所带领的研究小组的应用成果，主要内容包括储能装置概述，电子工程师眼中的充电电池技术，充电电池的动力学、模型及管理，以电容器为储能装置——当前商用系列基础概述，双层电容器：基本原理、特性和等效电路，将超级电容用作 DC－DC 变换器的无损释放器，超级电容的浪涌吸收，超级电容的快速传热应用等。

本书适合从事相关专业的工作人员阅读参考。

This edition of *Energy Storage Devices for Electronic Systems：Rechargeable Batteries and Supercapacitors* by **Nihal Kularatna** is published by arrangement with **ELSEVIER INC** of 360 Park Avenue South，New York，NY 10010，USA.

This translation was undertaken by China Water & Power Press.

This edition is published for sale in China only.

北京市版权局著作权合同登记号为：图字 01 - 2017 - 0591

图书在版编目（ＣＩＰ）数据

电子系统储能装置：充电电池和超级电容 /
（新西兰）古纳拉特尼著；《电子系统储能装置：充电电池和超级电容》翻译组译. -- 北京：中国水利水电出版社，2020.1
　书名原文：Energy Storage Devices for Electronic Systems：Rechargeable Batteries and Supercapacitors
　　ISBN 978-7-5170-8991-9

　Ⅰ．①电… Ⅱ．①古… ②电… Ⅲ．①储能电容器—研究 Ⅳ．①TM531

中国版本图书馆CIP数据核字（2020）第206352号

书　　名	**电子系统储能装置：充电电池和超级电容** DIANZI XITONG CHUNENG ZHUANGZHI：CHONGDIAN DIANCHI HE CHAOJI DIANRONG	
作　　者	［新西兰］古纳拉特尼　著	
译　　者	《电子系统储能装置：充电电池和超级电容》翻译组　译	
出版发行	中国水利水电出版社 （北京市海淀区玉渊潭南路 1 号 D 座　100038） 网址：www. waterpub. com. cn E - mail：sales@waterpub. com. cn 电话：（010）68367658（营销中心）	
经　　售	北京科水图书销售中心（零售） 电话：（010）88383994、63202643、68545874 全国各地新华书店和相关出版物销售网点	
排　　版	中国水利水电出版社微机排版中心	
印　　刷	北京瑞斯通印务发展有限公司	
规　　格	184mm×260mm　16 开本　13 印张　308 千字	
版　　次	2020 年 1 月第 1 版　2020 年 1 月第 1 次印刷	
印　　数	0001—1000 册	
定　　价	**60. 00** 元	

凡购买我社图书，如有缺页、倒页、脱页的，本社营销中心负责调换

本书翻译组

献　词

仅以本书献给 W. P Jayasekara 教授。

在工学院教职员工的帮助与支持下，W. P Jayasekara 教授将其在斯里兰卡期间相当长时间的学术生涯都奉献给了电气工程学专业基础课程的教授工作。他给予我智慧，使我能够将浅显的基础知识应用于实际的电路当中。

前　言

电气工程学科发展迅速，技术更新迭代快，设计人员和研究人员的"知识半衰期"仅能维持3～5年。由于学科发展过程中不断产生新的领域，必须不断地学习以保持知识的前沿性，并基于原有的知识背景对这些新知识在新领域中加以融合利用。在这个过程中，万变不离其宗的即是日常应用在电路中的基础知识。

在我过去13年的学术生涯中，我认识到一些非常重要的问题。如果简单的基础知识可以实际有效地应用到新的电路结构和先进的设备中，我们就可以获得全新的技术，并将其发展到工业应用水平，当然前提是我们还要学习全球各学科领域的专家的成果，并将其与我们的实际工作相结合。在这个实践中，坚持不懈的毅力、创造性和终身学习都对我们的工作有着无穷无尽的裨益。

本书是我的第八本学术著作，其内容主要来源于我最近10年在储能装置（ESD）领域的学术研究和工业经验，特别是在超级电容应用领域上。在这个领域中，我认为最重要的问题仍是如何将电路基础知识与新设备（如储能设备等）相结合，不断地学习理解基础物理和电化学知识。特别是在撰写第2、第3、第5章的内容时，我了解到目前电化学家、物理学家和工艺技术人员正在大力协同努力，以提高储能装置的性能规格。正是由于这些专家、学者们的通力合作和共同努力，使得为电子电路和系统设计人员提供了全新的封装器件，从而使得相关设计人员能够利用简化的等效电路和工业器件数据表来开发新的应用，在此向他们表示衷心的感谢。

本书总结了我在新西兰所带领的研究小组的应用成果，并获得了全球团队的支持。本书大部分的研究项目都会对自然和环境改善具有一定的帮助，帮助人们认识到能源是有限的，可再生能源还需在储能设备及其应用方面开展更加深入的研究。

此致

Nihal Kularatna

怀卡托大学工学院

新西兰汉密尔顿

2014 年 9 月 8 日

鸣　谢

自从获得电气工程学位以来，我已经在该行业和科研领域耕耘了 38 个年头，并在新西兰以全职学者的身份进行了 13 年相关研究。通过我的课题研究经历和我个人的人生经验，我认识到一个简单的道理：课题研究是一生的实践，且其本身是一个变化过程。在这个旅程中，我所有的学校老师、大学老师、高级工程师以及导师和顾问都给了我极大的帮助。感谢这些陪伴我在电气工程领域一路走来的人们。

关于工程方面的专业知识，我要感谢 W. P Jayasekara 教授和他在斯里兰卡佩拉德尼亚大学的团队，是他们鼓励我在电气工程项目上应始终先考虑基础知识问题。我之前所服务过的机构，如斯里兰卡民航区域管制中心、沙特电信公司、斯里兰卡亚瑟克拉克现代技术研究所（ACCIMT）为我提供了获得真实工程经验的机会，对此我十分感激。在 ACCIMT，我受到亚瑟爵士的启发，并有幸被引荐给顶级美国工程师，如为晶体管命名的约翰·罗宾逊·皮尔斯。我深深地相信，我职业生涯的中期是由 ACCIMT 所提供的机会、设备仪器以及团队所支撑的，所以我要深深地感谢亚瑟爵士以及同我共同工作 16 年的团队。我还要感谢皮尔斯教授等人对我的指导，他在 1992 年教会我如何完成一本书的写作。

我还要感谢奥克兰大学的约翰·T·博伊斯教授，是博伊斯教授邀请我在 2002 年加入了学术界。经过 25 年的行业洗礼，凭借强大的团队协作，以及利用所选择课题领域的知识广度，我开拓了具有新的学术前沿性的研究领域。

我要感谢怀卡托大学那些一直鼓励我的所有同仁和高级管理层。过去 7 年当中，在怀卡托大学商业部门 WaikatoLink 有限公司（WLL）的商业资助下，我们在开发商业应用级超级电容技术上得到了极大的支持鼓励，我本人对 WLL 整个团队致以由衷的感谢。同时，我还要感谢我的产品线经理 Janis Swan 教授、Ilanko Sinniah、Brian Gabbitas，是他们鼓励我开发出自有的工业型学术研究项目。在我的研究生教学工作中，对于共同辅导研究生的工作，我要感谢我的同事 Alistair Steyn – Ross、Rainer Kunnemeyer、Howell Round 和 Sadhana Talele。我还要感谢学校的管理者 Janine Williams 和 Mary Dalbeth，是她们帮助我可以有效地安排我的教学和研究工作。

谢谢我的前博士研究生 Kosala Gunawardane 和现博士研究生 Jayathu Fernando 帮助我共同完成了三个章节的写作。其他多名研究生也帮助我改进了多个研究课题的许多细节，这些工作成果或多或少地使用在了各章节的内容里，我要感谢他们的辛勤努力。Jayathu Fernando、Tanya Jayasuriya 和 Dhanya Herath 在提供本书所需要的大量数据方面给予了我巨大的帮助，对于他们的工作我表示感谢。

对于本书从形成最初的大纲到最终的出版印刷，我要衷心地感谢爱思唯尔出版社的编辑和产品团队，特别是要感谢 Joe Hayton、Tiffany Gasbarriny、Kattie Washington、Preethy Mampally 和 Chelsea Johnston。同时我要感谢 IEEE（电气与电子工程师协会）、PET 杂志、EDN、CRC 出版社以及爱思唯尔出版物，在我绘图时可以重新使用各种各样的图表。感谢 Natalie Guest、Nicoloy Grusinghe 和 Jayathu Fernando 的封面图片。

在我的家庭中，当我进行写作时，我受到了我亲爱的妻子 Priyani、女儿 Dulsha 和 Malsha、女婿 Rajith 和 Kasun 的全力支持和鼓励。我对于他们对我的持续鼓励十分感激。我的两个小外孙女 Nethuli 和 Mineli 总是让我和 Priyani 很欢乐，并且启发我考虑到未来和环境问题。

我要谢谢我所有的朋友和我的大家庭，他们一直以来都对我的科技工作和科技作家的身份表现出了欣赏的态度。

我相信我目前关于储能装置应用的研究工作可以帮助环境持续发展，并为我们提供一个具有创造性的手段，以特别的方式使用这些装置。

最后，感谢我所有的学生和将要使用这本新著作的未来的学生们，欢迎你们为我指出其中的错误和改进建议。

Nihal Kularatna
29，Langdale Court
惠灵顿
汉密尔顿 **3210**
新西兰
2014 年 9 月 9 日

目　　录

第1章 储能装置概述

1.1 引言

自 20 世纪 40 年代晚期晶体管发明诞生，电子产品和系统已成为现代世界的重要组成部分。2012 年，随着世界人口逐步增长至 70 亿以上，便携式电子产品越来越受欢迎（包括世界最贫困地区），世界能源消费持续稳步增长。据估计，2008 年世界能源消费量约为 14.4 万 TW·h。能源供应通常依靠化石燃料、核能（非主流主要来源）以及可再生能源（如水力发电、太阳能、风能、地热、生物质能和生物燃料）等主要来源。

在能源利用领域，储能需求形式各异。在家庭和工作环境中，我们有时需要在多个系统中存储能量，例如向信息系统以及医院、机场和工厂等其他关键设施提供不间断电源（UPS），保障持续供电。在这些情况下，电池、超级电容器（SC）组、飞轮和压缩空气等不同类型的储能系统（ESS），与适当的电力机械能量转换系统共同使用，其容量通常为几百瓦到几兆瓦不等，可支持电力中断时间为几毫秒到几小时。

在现代混合动力汽车（HEV）和电动汽车（EV）中，电池组和燃料电池可提供几分钟到几个小时的千瓦级驱动能量，而储能系统就此派上用场。由于内燃机和汽车机械传动系统的效率较低，整体能源效率范围为 15%～20% 以上，促进了更加节能的混合动力汽车和电动汽车的发展。这些应用中，需要几十千瓦的电力，电池组的储能容量应当在千瓦时范围内。

相比上述情况，对于使用电池组的便携式电子装置（如手机、PDA 和笔记本电脑），其电池容量级通常为毫安时或安时，标称电压值范围为 2.5～16V。假设标称电压值在运行范围内为常数，则储能容量应在毫瓦时至瓦时范围内。相比上述两个应用领域，如果是功率和能量需求低得多的腕表、助听器和植入设备等，则电池组容量在微瓦时到毫瓦时范围内。这些电池组的终端电压（大多是一个或几个单体电池）范围为每个电池 0.5V 至几伏特。

从几个常见的以电池为基础的系统中，我们能实际通过终端电压和储能容量等几个常见电气参数，来比较电池组的容量。如果负载消耗功率为每小时 1W，则该装置在此过程中共消耗能量 1W·h。以标准 SI 单位计算，即相当于 3600J，因为每 1s 消耗 1W 就等于 1J。

目前为止，我们仅谈到了以电池作为储能装置，但通常有很多不同的方法和装置可用于供应电气和电子系统的储能。本章对储能和电能输送装置、方法，以及将能量传输到电子系统和装置的关键基本原理进行概述。利用定量分析方法有助于详细地对储能容量、电能传输容量与储能装置边界等细节进行对比。其内容与总体工作的目的是为相关领域的工程师、设计师和研究者提供实践准则。本书适用读者对象为已经具备简单电路理论知识的人群。

1.2 基本原理

首先我们进行一个简单的类比，假设有一个距地面一定高度的水箱，从水箱底部引出一段软管，管端接有一个水龙头，拧开即有水流流出。以 L/s 为单位测量水流的速度。如果将该水箱比作储能装置，则可估算出以该速率流光所有水量所需的时间。水箱越大，储水量就越大。如果水箱高度保持不变，则管端水流速度保持不变，在相同的水流速度下，放水时间更长；如果提高水箱的高度，水流速度随之增加，则水箱的清空速度加快。此外，也可以通过增加所连水管的直径来提高水流速度，因为加管径后，水流阻力减小。同理，如果增加水管长度，则水流速度减慢。

上述的简单类比有助于我们理解储能装置：水箱的高度（距参考地高度）之于储能装置正、负端子间的电势差；水箱容量之于释放到外部电路的总电荷量（或能量）；水管内的水流之于外部电路电流（A 或 C/s）；增加管长或减小管径，即增大导体的电阻；有时，通过改变水管的材料也可以导致同管径、管长条件下水流流速的变化，类似于改变了电气材料的电阻率。同理，水龙头的开关也对应了短路（理想情况下电阻为零）和开路（电阻无穷大）状态之间的切换。

1.2.1 功、功率和能量

对于功，我们都有一个直观的理解。功的定义反映了这种直观理解：功 W，即为作用于物体上的力 $\vec{F}$（具有一定大小和方向的矢量）与物体在力的作用下移动的距离 Δx 的乘积，即

$$W = \vec{F} \Delta x \tag{1.1}$$

按照国际单位制，力的单位为 N，距离的单位为 m，因此功的单位为 N·m，N·m 又称为 J。式（1.1）中，物体移动的距离与作用于物体的力在同一个方向上；否则，需要分别求取各方向的分量。功是一个标量，没有方向，但力和距离都是矢量。

能量与功密切相关，是做功的能力。功和能量单位相同，都是 J。能量在各物理学分支中都是最重要的概念之一，其形式各异。例如，一个移动物体的质量为 m，移动速度为 $v(m/s)$，则其动能 K 为 $mv^2/2$。根据动能定理，物体动能的变化等于合外力做的功，即

$$\Delta k = W_{net} \tag{1.2}$$

实践中，人们不同的学科领域中采用多种不同的能量单位，例如，核能、原子能和分子物理学中使用 eV；热力学和化学中使用 cal；旧式英语单位包括英尺磅和英国热量单位（BTU），后者用于供暖和制冷系统；电力公司使用千瓦时（kW·h）。对于所有这些常见的实用单位，可以使用表 1.1 中所示的转换系数转换为 J。

表 1.1

变量	转 换 自	转换至	系 数
能量	桶油当量	GJ	≈6
	甲烷/立方英尺（标准温度和压力环境）	MJ	≈1
	kW·h	J	$3.6×10^6$
	cal(平均值)[①]	J	4.19002
	英国热量单位（BTU）[②]	J	1055.87
	eV	J	$1.60206×10^{-19}$
功率	英尺磅/h	W	$3.7662×10^{-4}$
	马力（电能）	W	746
	马力（机械能）	W	735

注：数据来源于 da Rosa，2013。

① 不同情况下，热量的转换系数略有不同（da Rosa，2013）。

② 平均值已给出（da Rosa，2013）。

能量转换和储能装置中的另一个重要概念是功率，即做功的速率或能量变化速率，单位为 W。平均功率 $\overline{P}$ 可以表示为

$$\overline{P}=\frac{\Delta W}{\Delta t} \tag{1.3}$$

实践中，由于做功的速率会随着时间而变化，为便于应用，将瞬时功率 P 定义为

$$P=\lim_{\Delta t \to 0}\frac{\Delta W}{\Delta t}=\frac{\mathrm{d}W}{\mathrm{d}t} \tag{1.4}$$

本书主要介绍电气或电子工程中的储能装置，因此，采用电气、电化学或机电系统意义下的功率和能量概念。基于电气元件两端的电压和流经电流，可以得出电能的消耗量或产生量，即

$$P=UI \tag{1.5}$$

功率单位是 J/s，该单位又称为瓦特（W），以纪念发明了蒸汽机的苏格兰工程师詹姆斯·瓦特。瓦特本人还定义了另一个单位，马力（hp），其值约为 746J/s 或 746W。表 1.1 给出了一些实用的转换因数，可用于功、能量和功率单位间的相互转换（da Rosa，2013）。

1.2.2 储能装置开路电压和内阻的影响

以一个简单的电源为例，假设端电压 U（单位为 W）恒定，储能容量为 E（单位为 W·h，1J=1W·s）。此类储能装置都有一定的内阻，如果通过集总电阻 r_{int} 进行量化，可以得出如图 1.1（a）所示的等效电路。将电阻性负载 R_L 连接至该装置形成闭合电路，如图 1.1（b）所示。

应用欧姆定律对此闭合电路进

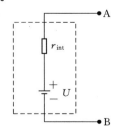
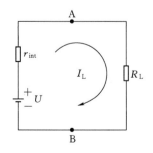

(a) 等效为一个恒压源和一个固定集总电阻 r_{int} 的储能装置　　(b)外接负载闭合电路

图 1.1　储能装置和连接至外部终端的电阻性负载

3

行简单分析，可得电流 I_L 为

$$I_L = \frac{U}{R_L + r_{int}} \tag{1.6}$$

负载电压为

$$U_L = \frac{UR_L}{R_L + r_{int}} \tag{1.7}$$

即

$$U_L = \frac{U}{1 + \dfrac{r_{int}}{R_L}} \tag{1.8}$$

式（1.8）表明，有效输出负载端电压随着储能装置内阻的增大而减小。因此，储能装置不仅要有较高的开路电压，还要有较低的内阻。可以计算出该负载下的功率耗散为

$$P_L = U_L I_L - \frac{U}{1 + \dfrac{r_{int}}{R_L}} \frac{U}{R_L + r_{int}} = \frac{U^2}{R_L} \left[\frac{1}{\left(1 + \dfrac{r_{int}}{R_L}\right)^2} \right] \tag{1.9}$$

由式（1.9）可知，内阻为零时的理想电源下，可供应给负载的总功率是 U^2/R_L，而在实际中，可供应给负载的最大功率会受到储能装置内阻的限制。例如，在许多充电电池中，内阻会随着放电而增大。那么，即使电池内的电化学条件允许达到恒定的开路电压，但随着电池的持续放电，可用功率会由于内部电阻的增大而下降。这是超级电容相对于电池组能够提供短时间大功率的原因之一。许多现代超级电容系列的内阻非常低（从零点几毫欧到几十毫欧），因而能够在满充至额定电压时将较大功率输出至负载。

根据式（1.9）可知，由于储能装置存在内阻，部分能量因为其内阻产生的热量而被转化或消耗，仅有一定比例用于外部负载。在许多情况下，需要向外部负载输送特定大小的功率，但这受到内阻和外部负载电阻共同的限制。对式（1.9）的变量 R_L 进行微分计算，可得，当 $R_L = r_{int}$ 时，可得到最大有效负载功率。在该条件下，当 $R_L = r_{int}$ 时，得到最大有效功率为 $U^2/4R_L$。

1.2.3　储能装置内部能耗及其热效应

由式（1.6）可以得到储能装置内部以热量形式耗散的功率为

$$P_{loss,int} = I_L^2 r_{int} = \left(\frac{U}{R_L + r_{int}} \right)^2 r_{int} \tag{1.10}$$

代入式（1.9），可得

$$P_{loss,int} = P_L \left(\frac{r_{int}}{R_L} \right) \tag{1.11}$$

这表明，当从储能装置中获取能量时，装置本身就会耗费掉一定比例的能量。这种能量耗散是以热量的形式损失掉的，通常会对装置的使用寿命产生不利影响。一般来说，多数装置都是温度敏感型的，运行温度越高，越不利于能量传输和装置的使用寿命。

1.2.4　能量转移和输送过程中的时间延迟

在许多情况下，存储在储能装置中的有效能量需要在很短的时间内输送到负载中。以汽车为例，跑车加速至特定速度的过程中，需要在非常短的时间内快速供能。再举一个相

关实例，给水龙头和中央供暖系统之间的管线内的储水加热，则当我们打开水龙头时，热水可瞬间流出。设计师应当能够对储能装置和相应负载所形成的系统的能量传输速度和时间延迟进行评估和量化，因此就要涉及与储能装置及负载相关的时间常数。

举一个简单的例子，假设电容的电容值为 C，其等效串联电阻（ESR）为 r_C，通过开关连接至负载 R_L，如图 1.2 所示。如果电容两端的初始电压值为 U_{C0}，则存储在电容中的总能量为

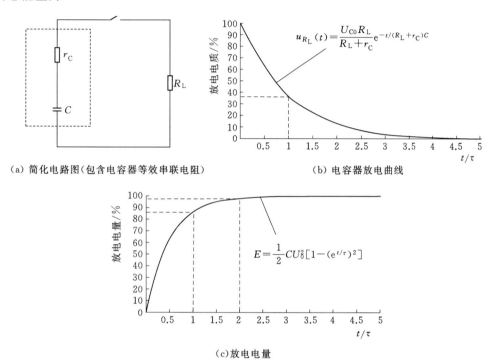

（a）简化电路图（包含电容器等效串联电阻）　　（b）电容器放电曲线

（c）放电电量

图 1.2　电容作为储能装置

$$E_{C0} = \frac{1}{2} C U_{C0}^2 \tag{1.12}$$

$t=0$ 时刻开关闭合，流经负载电阻的瞬时电流为

$$I_{R_L, t=0} = \frac{U_{C0}}{R_L + r_C} \tag{1.13}$$

式（1.13）表明，电容等效串联电阻可对最大可能电流产生显著影响，特别是当负载电阻很小时。在电容、外接负载电阻和等效串联电阻组成的串联电路中，电路时间常数 τ 为

$$\tau = (R_L + r_C) C \tag{1.14}$$

利用该时间常数和电容器初始电压，可以推导出随时间呈指数变化的电容电压波形为

$$u_C(t) = U_{C0} e^{-t/\tau} = U_{C0} e^{-t/(R_L + r_C)C} \tag{1.15}$$

基于式（1.15），在实际情况下，约 5τ 内，电容电压放电几乎降至原始电压的 98%。因此，电容释放能量的计算式为

$$E_{C0} - E_{C,t} = \frac{1}{2}C\{U_{C0}^2 - [U_{C0}\,\mathrm{e}^{-t/(R_L+r_C)C}]^2\} = \frac{1}{2}CU_{C0}^2[1-\mathrm{e}^{-2t/(R_L+r_C)C}] \qquad (1.16)$$

式中：$E_{C,t}$ 为一段时间 t 之后，电容中的剩余能量。

根据式（1.16），1τ 之内所释放的能量 $E_{D,\tau}$ 为

$$E_{D,\tau} = \frac{1}{2}CU_{C0}^2(1-\mathrm{e}^{-2}) \approx 0.86E_{C0} \qquad (1.17)$$

同理，可以计算出释放到外部负载的有效能量，以及在电容等效串联电阻的损耗。鉴于上述情况，如果等效串联电阻显著大于外部负载，则传输效率将会很低。图 1.2（b）为电容外接负载元件电压随时间的波形，图 1.2（c）为释放到外部负载和等效串联电阻的总能量。图 1.2（c）表明，在不到 2τ 的时间内，可以释放掉几乎所有的存储能量。

上述关于电化学电池（开路电压不随时间和温度改变）和电容的两个例子表明，这两种装置的能量传输能力是不同的。对于电容器，储能量只依赖于电容的电压高低和电容值。能量传输非恒定值，在 1τ 时间内，通常输送量为储存量的 85% 以上。而在电池等电化学装置中，如要预测总储能量，在装置运行的电气参数之外，还需要更多关于装置的信息。

1.2.5 储能装置的复杂模型

在前文中介绍了电化学电池或电容（包含两个集总参数元件）两个极简模型。但在实际的储能装置中，其模型比这两个简单示例复杂得多。图 1.3 是一个更实际的铅酸电池（Grillo 等，2011），图 1.4 是一个超级电容等效电路（Musolino 等，2013）。

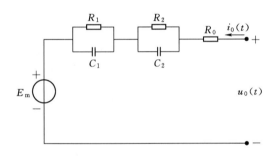

图 1.3　铅酸电池等效电路
来源：Grillo 等，2011。

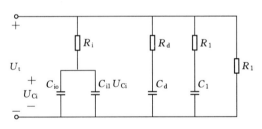

图 1.4　超级电容等效电路
来源：Musolino 等，2013。

图 1.3 的等效电路比图 1.1 的简化模型多了一个随温度和电池荷电状态而变化的电动势（Moubayed 等，2008）。图 1.1 中用于表示电池模型的内部电阻的单集总电阻，实际上包含三个基于终端电阻的不同部件，和两个与电池荷电状态与放电电流相关的部件（Moubayed 等，2008）。与 R_1、R_2 的两个电容增加了时延，从而增加了对外部电路充放电电压和电流进行估算的复杂性。本书的后续章节中，将讨论更多关于电池和超级电容建模的详细情况。

通过图 1.4 的超级电容等效电路，可估算出时延和限制范围。这种情况下，由于所涉及的数学问题要复杂得多，因此需要更多的分析型或模拟型方法。在这些复杂模型建模的过程中，为使其双电层效应符合其物理特性，研究人员结合了实验和仿真工作。目前，超

级电容，技术上与双电层电容器同属一类电容器（Zubieta，Bonert，2000）。第 5 章中将介绍关于这些电容的更多细节。

1.3 电气系统中的储能

在电气系统和电子产品中，储能需求有两种基本形式：一种是短时存储，即通电电路中的元件以静电或电磁形式储存能量，典型的例子有电容和电感；另一种是在能源冗余条件下，使用有长期供能作用的储能装置。

当系统的能源供应不可靠时，如线路频繁发生故障，或系统是便携式的，我们就需要某种形式的进行能量存储，以维持系统在预期的可靠性水平上运行。举个例子，如果向某敏感工业负载（如制造厂）供电的电源突然发生故障，应有适当的备用电力系统可用，如 UPS 配合发电机组。在这个情况下，UPS 以化学电池形式或通过其他方式供能，其容量应当能够支撑至发电机组启动完毕。当发电机开始运行，燃料存储的能量即开始用于发电机组。在对电能供应要求严苛的情况下，如半导体生产设备的电能供应绝大部分时间是安全的，但仍有短时电能供应质量达不到标准要求的情况，且瞬时自动切换 UPS 系统进入电源备份运行状态。在这种情况下，UPS 系统通过超级电容器组的形式储能，所存储的能量有限，只能满足几个电流周期的能量需求。在这种情况下，应采用飞轮储能或压缩空气储能等其他方式。

1.3.1 以电路基本电气元件储存能量

电流流经电阻时会产生能量消耗，并转换为热量，没有能够存储能量的理想电阻。而电感则能储存能量，假设闭合电路中的电流为 I，则其储存的能量 E_L 为

$$E_L = \frac{1}{2}LI^2 \tag{1.18}$$

电感能够储存能量是因为电感线圈内通过的电流产生的磁通。但正因如此，除非产生该电流的电路保持不变，否则，从物理学角度讲，该装置无法转移这些能量。

相反，如果将电压源连接到电容上，其电压将以指数形式上升至电压源的电压值。假设用于给装置充电的直流电源的开路电压为 U，则电容值为 C 的电容所储存的能量为

$$E_C = \frac{1}{2}CU^2 \tag{1.19}$$

相比于电感，这种能量储存以电荷静电场的形式存在。出于这个原因，如果电容没有明显泄漏（即表示无限泄漏电阻），则储存有能量的该装置可在切断电压源之后再运输。然而，在实际的电容中，泄漏电阻是有限的，就产生了流经该等效电阻的泄漏电流，继而在这个大电阻中以热耗散的形式产生能量浪费。实际装置中，如：电容值范围在几纳微法至几千微法的电解电容，可达到从几微秒至几分钟的电荷保持时间，但无法被视为类似于电池等电化学装置的有效的储能装置。在现代超级电容家族中，电容值范围在零点几法拉至几千法拉之间，其泄漏电流只有几微安至几毫安。因此，可在电力电子系统中用作短时能量储存和传输装置。

1.3.2 长期和低利用率的储能方式

在前文中，量化了常见的电感和电容等储能元件是如何基于装置的电流或电压存储能量的。它们大多用于电路级设计，且基于非常短暂的时间尺度。但在如机场关键电气设备、半导体生产和计算机服务器站等应用场景下，可选择以下的长期储能方式：

（1）电池等电化学装置。

（2）超级电容器组。

（3）飞轮储能。

（4）燃料电池和相关能源。

（5）压缩空气储能。

（6）超导磁储能（SMES）。

这些系统大多通常在输入交流电源供应故障或出现电能质量问题时作为后备。关于电化学电池（可以快速储存能量，并作为几个小时的后备电源），将在第2章和第3章中详细讨论。

超级电容器组通常与电池组组合成混合动力装置，以获得电池和超级电容的最佳性能。鉴于前面几节中介绍的简单基础知识，若使电容储存的能量较高，则或者其电容值较大，或者其终端电压较高。总体来说，可供选择的常见电容的电容值范围为几皮法至几千法，电压通常在10V～10kV范围内，且提高以上技术指标的进程较为缓慢。

与常见电容相反，超级电容的电压容量非常低，通常在2V～<16V的范围。但其电容值在0.1～5000F范围内。图1.5（a）为一组常见的10～2200μF的电解电容，图

（a）常见电解电容（10～2200μF）

（b）超级电容器（0.2～650F）

（c）一个非常大的电解电容

（d）含电压平衡模块超级电容模块

图1.5 不同的电容

[（c）由新西兰哈斯丁 AECS 有限公司提供，（d）由新西兰纳皮尔 ABB Research 提供。]

1.5（b）为一组 0.2～650F 的超级电容，图 1.5（c）为一个非常大的电解电容，用于丰田普锐斯汽车的电气系统，图 1.5（d）为一个超级电容模块，包含多个超级电容（4000 F）以及一个电压平衡模块。表 1.2 给出了不同类型电容（容量：1～50J）的对比结果（Kularatna 等，2011 年）。

表 1.2　　　　　　　　　　　　　不同类型电容的对比结果

容量/J	电容器类型	制造商	参数			
			电容值	终端电压/V	短路电流/A	等效串联电阻/mV
<1	电解电容	RSS	2200μF	16	104	153
1～5	超级电容	麦斯威尔	1F	2.7	3.85	700
		CAP－XX	2.4F	2.3	115	20
	电解电容	康奈尔 DUBILIER	2200μF	50	704	71
5～50	超级电容	麦斯威尔	10F	2.5	14	180
		CAP－XX	1.2F	4.5	112.5	40
		NESCAP	10F	2.3	33	70
	电解电容	康奈尔 DUBILIER	82000μF	16	1441	11.1
		VICOR	270MF	200	325	641
>50J	超级电容	麦斯威尔	350μF	2.7	840	3.2
		NESSCAP	120μF	2.3	144	16

通常，超级电容的内阻（等效串联电阻）比充电电池低很多。此外，其等效串联电阻在放电过程或整个使用寿命中较为恒定。如图 1.6 所示，以约 1A 的电流给超级电容和充电电池分别放电，测得其内阻与放电深度的关系曲线图。即使电容值很小的超级电容（如 CAP－××的 HS206F），也有低于 100mΩ 的恒定内阻，而劲量的 AA 型电池的内阻随放电深度持续增大。

图 1.7 是不同类型超级电容以 1A 恒定电流放电的示例，并

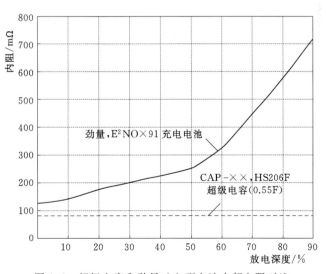

图 1.6　超级电容和劲量 AA 型电池内部电阻对比

将其与 AA 型电池进行了对比。超级电容的电压值（基于与 $\Delta V = \Delta Q / \Delta V$ 的简单关系）满足

$$\Delta V = \frac{I_{\mathrm{L}}}{C} \Delta t \qquad (1.20)$$

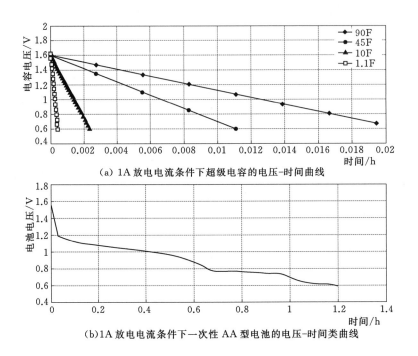

(a) 1A 放电电流条件下超级电容的电压-时间曲线

(b) 1A 放电电流条件下一次性 AA 型电池的电压-时间类曲线

图 1.7　恒定电流放电条件下超级电容和电池的终端电压对比

但 AA 型电池由于图 1.6 所示的内阻变化的复杂属性，其终端电压变化难以通过图 1.1 所示的简单模型来预测。

总体来说，超级电容相对于电化学电池的容量并不高，但对于短时高功率需求，超级电容的内阻小且相对固定，因此可将超级电容用于短时高功率传输装置。两种装置的这种互补属性，使设计师能够开发出经济有效的后备储能的混合架构。

1.3.3　以飞轮为电气系统储能装置

飞轮是物理储能装置，其利用飞轮储存能量（基于飞轮的转动惯量和转子转速），其能量计算同以下例子：质量为 m 的物体以速度 v 移动，其动能为 $\frac{1}{2}mv^2$。则飞轮（通常以非常高的速度旋转）中储存的动能 E_{k} 为

$$E_{\mathrm{k}} = \frac{1}{2}J\omega^2 \qquad (1.21)$$

式中：J 为转动惯量；ω 为角速度。

在实践中，转子的制造应尽量减轻其质量，但要保持 J 最大。早期几代飞轮使用的是大型钢转子，但较新的系统使用的是碳纤维和其他复合材料，以减轻其重量。不同复杂性的磁轴承用于最大限度地减小摩擦，而高温超导体（HTSC）则开始出现于超高速的最新设计。飞轮的一种相对较新的用途是通过联合电机和电力转换器来实现电能储存。电机

与飞轮集成，并可变速运行，而电力转换则通常由电力电子变速器来实现。飞轮储能（FES）系统的主要功能是能够在相对高速条件下，为 UPS 等进行许多电流周期的充放电。典型复合材料转子已经能够储存 $100W \cdot h/kg$ 的能量（Ruddell，2003）。飞轮分为低速和高速两个基本类别。

低速飞轮由钢转子制造，转速约为 $600r/min$。这类飞轮通常使用传统轴承。高速飞轮已开始商业化应用，其转速高达 $50000r/min$，使用先进的复合材料，以及采用高温超导技术的磁轴承（Ruddell，2003）。飞轮储能的主要电气应用是 UPS、电能质量系统、牵引应用等。本书暂不对相关细节展开讨论。

1.3.4 燃料电池

燃料电池是原电池，其将燃料所具有的化学能经过电化学过程直接转化为电能。燃料和氧化剂持续单独提供给电池两极，并在此发生化学反应。图 1.8 是燃料电池的基本构造。电解质位于两极之间，将离子从一个电极传导至另一个电极。燃料位于阳极，电子在催化剂的作用下从燃料中释放出来。在两极之间的电位差下，电子流经外部电路，到达阴极，并结合正离子和氧气，产生反应产物或排放物。该过程必须为燃料电池燃料和氧化剂以产生电子（这些电子随后流入外部电路），因此与普通电池不同。更多原理细节可参见 Eshani 等（2010）的著作的第 14 章。

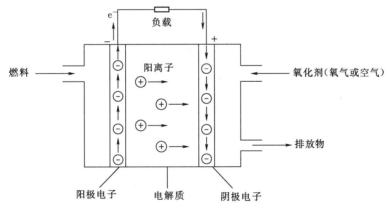

图 1.8　燃料电池的基本构造

由于燃料电池需要外部供应燃料，因此不属于电化学电池的范畴。燃料电池可分为五个子类别：①插入式电源（数百兆瓦）；②后备电源（数十千瓦至数百千瓦）；③牵引电源（10~100kW 便携式电源）；④小型便携式电源（1~100W）；⑤迷你或微功率电源（$10\mu W$~1W）。燃料电池具备在细分市场范围内，提供清洁、高效且可持续功率的潜力（Zhao，2009）。

燃料电池根据容量大小可分为六种类型，包括：①质子交换膜或聚合物交换膜燃料电池（PEMFC）；②碱性燃料电池（AFC）；③磷酸燃料电池（PAFC）；④熔融碳酸盐燃料电池（MCFC）；⑤固体氧化物燃料电池（SOFC）；⑥直接甲醇燃料电池（DFMC）。表 1.3 总结了不同燃料电池运行数据。PEMFC 开发于 20 世纪 60 年代，用于美国载人航天计划。目前的开发用于汽车应用，其功率密度为 0.35~$0.6W/cm^2$，适用于电动汽车和混合动力汽车（HEV）。低温运行和快速启动功能使其成为电动汽车和混合动力汽车的最理想选择。

电池系统	工作温度范围/℃	电解质
PEMFC	60～100	固体
AFC	100	液体
PAFC	60～200	液体
MCFC	500～800	液体
SOFC	1000～1200	固体
DMFC	100	固体

表 1.3　　　　　　　　　不同燃料电池系统的运行数据

来源：Eshani 等（2010）。

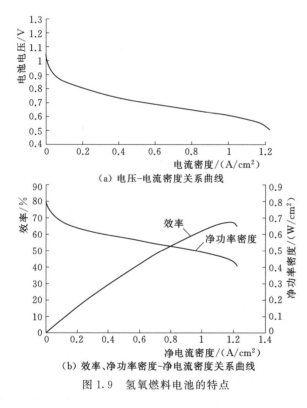

（a）电压-电流密度关系曲线

（b）效率、净功率密度-净电流密度关系曲线

图 1.9　氢氧燃料电池的特点

甲醇和氢燃料电池似乎备受汽车应用的青睐。图 1.9 是氢氧燃料电池的特点。图 1.9（a）表明，这些燃料电池的终端电压范围为 0.5～1.0V。图 1.9（b）给出了效率和功率容量与电流密度的关系曲线（Baldauf、Preidel，1999；Ber-lowitz、Darnell，2000；Wang，2002）。关于使用氧气为氧化剂的燃料电池，通常使用空气作为氧化剂。图 1.10 是氢气-空气燃料电池电压、系统效率和净功率密度与净电流密度的关系曲线（适用于混合空气燃料电池）。

通常，氢气-空气燃料电池与电力电子 DC-DC 变换器及相关辅助设备协同工作，例如图 1.11 所示的系统，其燃料电池交换空气、水和氢（Eshani 等，2010）。

相比氢燃料电池在电动汽车和混合动力汽车等较大型系统中的应用，另一个非常有趣的燃料电池类别是微燃料电池（大多基于直接甲醇燃料电池）。它们应用于微电子环境下和无线传感器节点。图 1.12 是直接甲醇燃料电池的构造及其装置使用寿命与使用频率的关系曲线。图 1.12（b）中的图表表明，这些装置能够在传感器节点等微功率应用条件下长时间工作（Zhao，2009）。

有必要认识到，燃料电池从严格意义上并非储能装置，但属于基于燃料供给的能量转换装置。因此，本书暂不对该内容展开详细讨论。

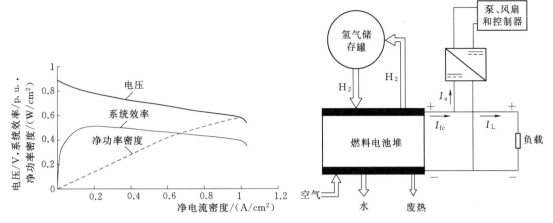

图 1.10 氢气-空气燃料电池电压、系统效率、
净功率密度与净电流密度的关系曲线

图 1.11 氢气-空气燃料电池系统
来源：Eshani 等，2010。

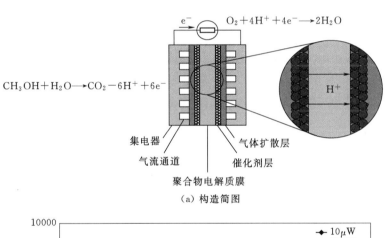

（a）构造简图

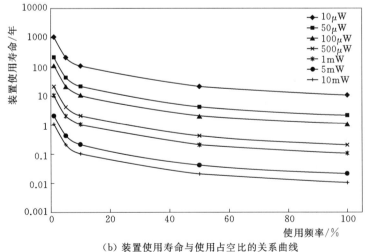

（b）装置使用寿命与使用占空比的关系曲线

图 1.12 直接甲醇燃料电池结构及特性
来源：Zhao，2009。

1.4 压缩空气储能

压缩空气储能（CAES）是一种将能量以压缩空气形式储存以备后用的技术，其能量输出于燃气轮机环节。压缩空气储能用途广泛，尤其是为达到负载均衡的电网支持，在负载需求低时将能量储存起来，并在负载需求高时将能量转换回电能。压缩空气储能通常将天然洞穴用作储气库来储存大量的能量，其功率水平通常为 35～300MW（Vazquez 等，2010）。过去十年间，有人试图将压缩空气储能和超级电容相结合，以实现最高效率点跟踪（Lemofouet 和 Rufer，2006）。本书不对该内容展开介绍。

1.5 超导磁储能

超导磁储能（SMES）系统利用由流经超导线圈的直流电流感应出的直流磁场来储存能量。该线圈经低温冷却，达到极端条件下的电导率（定义为超导体）而无电阻损失。通过将直流供给的电感器与接近零值的电阻相结合，可形成快速反应的储能装置。工业用途包括可调速驱动器、电源质量改进产品和后备电源。由于超导磁储能系统具备快速响应能力，因此可应用于许多特殊环境，功率范围为几百千瓦至几兆瓦（Buckles、Hassenzabl，2000；Ali 等，2010）。

1.6 快速能量转移需求和基本电路问题

一般来说，储能装置的功能可以通过以下几个简单标准予以概括：

（1）容量。

（2）装置的内阻。

（3）与装置属性相关的基本时延（时间常量及相关问题）。

容量是主要的标准，但将能量传输到外部负载时，可输出的最大功率取决于装置的内阻（见 1.2.2 节），即可输出的最大功率受装置内阻的最小有效值的限制。

现代超级电容等效串联电阻非常低（0.3mΩ 至几十毫欧），以某实际超级电容（额定电压 2.5V 左右，等效串联电阻 1mΩ）为例，装置能够输出的瞬时最大功率为 $\frac{U^2}{4R_C}$（实现最大功率输出需满足 $R_C = R_L$），相当于电压为 2.5V 时，输出功率 1562W。相比这种情况，如果使用电压为 16V、等效串联电阻值为 100mΩ 的电解电容，则最大输出功率只有640W。表 1.4 总结了超级电容和电解电容的容量和最大功率输出能力。

表 1.4　　　　　　　　　　超级电容和电解电容的容量对比

电容器类型	制造商	电容量	额定电压/V	等效串联电阻/mΩ	总容量	最大有效输出功率（负载电阻＝等效串联电阻时）/kW
超级电容	麦斯威尔	3000F	2.7	0.3	10.9kJ	6.07
电解电容	康奈尔-DUBILIER	2200μF	50	71	2.75J	8.8

表 1.4 提供了一个有趣的情况：一个 3000F 的超级电容可存储 10kJ 的能量，初始供应电能为 6kW；而一个 $2200\mu F$、50V 的电解电容仅能储存不足 3J 的能量，但其瞬时功率输出大约为 8kW。在这种情况下，以两个电容器供应一个加热元件，尽管超级电容的直流额定电压较低，但其加热效果更加显著。基于 1.2.4 节的内容，电容仅受总路径电阻的限制，可以释放巨大的瞬时电流，如图 1.2（b）所示。此外，图 1.2（c）中的图表表明，在一个时间常数期间，电容可释放超过 85% 的储存能量。以上表明，超级电容能够在一段时间内（由电路整体时间常数决定）输大部分所储能量。

现在，我们来考虑另一种情况，图 1.13（a）所示为一个通过变压器向加热线圈供电的低压交流电源，在电源变压器逐步降至极低电压且同时向一个低电阻的加热线圈供电的情况下，我们可以通过配置系统，连续地向负载输送较大的持续功率。但由于变压器不是理想变压器，因此图 1.13（a）的等效电路如图 1.13（b）所示，以负载侧看去，电路可等效为感性阻抗与一个 nU_p 的电源的串联，如图 1.13（c）所示。即变压器（匝比 $n = N_2/N_1$）二次侧电压约为 nU_p，连同一个电感和一个电阻串联形成的等效内部阻抗，表示了其非理想特性，则从负载侧看去的总体等效电路是一个由电压源、电感和电阻串联后向阻性负载供电。

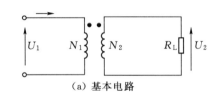

（a）基本电路

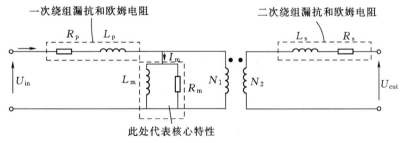

（b）变压器一般等效电路（代表非理想特性的集总元件）

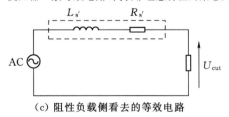

（c）阻性负载侧看去的等效电路

图 1.13　基于变压器的向阻性负载供电的逐渐降低的电源

由此可产生与超级电容器示例相反的情况，开关闭合瞬间电感电路不允许电流突变。因此，电路二次侧瞬时交流电压（约 nU_p）等于电感和电阻元件电压之和。在 $L-R$ 组合条件下，电路运行方式与电容截然相反，并且阻性负载电压将在一段时间内达到稳态。一旦达到这个阶段，即可持续向负载输送功率。

这个过程可以以加热水为例进行说明，如图 1.14 所示。以 0.1L/s 流率在右边玻璃管侧供应冷水，并使用一个最大电压超过 15V 的 65F 超级电容器组，利用变压器二次侧在加热线圈两端提供类似的等效串联电阻的电压。管道左侧水温上升，如图 1.14（b）所示。虽然超级电容器组能够在 1.5 个时间常数内将几乎所有能量输出到水中（本示例中用了 9s），并提高水流温度，但变压器无法像超级电容器组一样快速给水加热。但是，变压器可在短暂延迟后，持续维持水温不变。该示例简单地说明了，在需要瞬间加热时，容性和感性交流能源的差异。这是一个反映超级电容满足瞬时供能需求能力的简单、实际的例子。

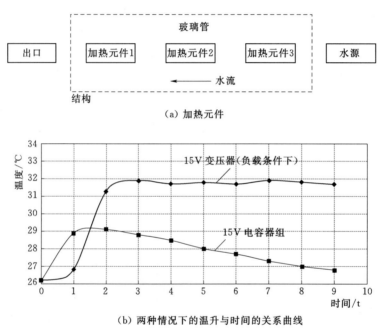

（a）加热元件

（b）两种情况下的温升与时间的关系曲线

图 1.14　利用电容器组与变压器二次侧中储存的能量加热冷水水源的对比

1.7　储能装置技术规范

储能装置可用于许多已建成的电力电子系统及其新应用。在已建成的电力电子系统中的应用包括电能质量改善产品、UPS 系统和便携装置；新应用领域包括电动汽车、可再生能源系统和功率尖峰平抑等。储能系统可采用一系列通用参数描述其特性，能够用于量化比较各种装置系列产品，同时，由于在给定的电力电子环境下可有效地使用，因此可以持续观测特定装置的性能。

1.7.1　能量密度

储能系统的能量密度等于其能量除以质量或体积。当使用质量计算时，称为质量能量密度；当使用体积计算时，称为体积能量密度。"能量密度"和"比能量"有时分别用于体积和质量计算方法。单位是 W·h/L，或 W·h/kg。

1.7.2 功率密度

功率密度指每单位体积或单位质量储能系统能够输送的最大功率。当使用体积计算时，也称为体积功率密度，通常以 W/L 为单位；当使用质量计算时，又称质量功率密度，或比功率，以 W/kg 为单位。

1.7.3 循环使用寿命

在循环使用寿命内，储能系统能够按照制造商的循环充电建议，达到重复深度充放电，并且可达到应用的最低容量要求。可以以任何速率和放电深度模拟应用条件，以进行循环放电测试。

1.7.4 循环能量密度

能量密度及其使用寿命，循环能量密度将系统统一，这种复合性特点更能够描述储能系统的特征，有利于不同装置之间的性能比较。循环能量密度作为复合性特点，定义为能量密度和该能量密度下循环使用寿命的乘积，单位为 W·h·次/kg（以质量计算），或 W·h·次/L（以体积计算）。

1.7.5 自放电率

自放电率以一定的时间衡量储能系统所储存电量在系统未使用情况下仍能满足最低容量要求、并能够充电至额定容量的能力。通常，自放电率的测量方法是将储能系统（例如电池）置于室温环境内的架子上，然后定时测量其开路电压。电池自放电率可以表示为每月或每年的能量（W·h）损失百分比。

对于电容来说，通常通过与电容器终端并联的电阻的数值来表示这个问题。

1.7.6 充电效率和库仑效率

在储能系统（如电池）中，开路电压是相对恒定的，电荷累积或释放过程中使用 $\int_0^t i \, dt$ 来讨论装置接收与输送电流至负载的能力。传递给负载的电荷 Q_{load} 通常小于输入装置的电荷 Q_{charge}。这两个量的比值（以 C 或 Ah 为单位），称为充电效率或库仑效率。这种测量方法通常依赖于充放电速率、温度、龄期和储能系统的整体状况。

上述参数对于许多类型的储能系统均通用，而对于电池，在实际中还有许多其他的参数。相关讨论请参阅第 2 章。

1.8 Ragone 图

储能系统尺寸各不相同，如泵式储能系统（用于水电站）、大型和小型燃料电池、不同类型的电池、超级电容器和超导储能。在所有这些系统中，有两个非常重要的参数可用于比较其整体性能，即能量密度和功率密度。为比较不同系统的能量输送能力，常采用 Ragone 图（由 David V Ragone 提出）。

图 1.15 为 Ragone 图，纵轴表示体积或质量能量密度，横轴表示功率密度。该图清

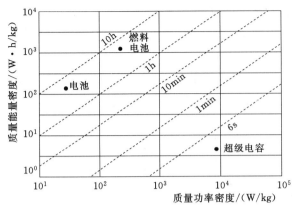

图 1.15　三种储能系统的 Ragone 图位置

楚地说明了不同能量传输或储存系统的特点。装置容量越大，表示能量密度和功率密度越大，因此应努力开发位于 Ragone 图右上角的系统。da Rosa（2013）总结了使用数据表信息计算出结果并在 Ragone 图上作图的方法。Ragone 图中铅酸蓄电池（容量 80Ah，内阻 37.5mΩ，重量 31kg，体积 0.01m^3）、超级电容（3000F，内阻 3.7mΩ，重量 0.55kg，体积 0.000475m^3）和燃料电池（功率 110kW，最大电流 110A，直流电压 250V，重量 120kg，体积 82L）的位置如图 1.15 所示（da Rosa，2013）。

参考文献

[1]　Ali M H, Wu B, Dougal R A. An overview of SMES applications in power and energy systems[J]. IEEE Trans Sustain Energy, 2010, (1):38 − 47.

[2]　Baldauf M, Preidel W. Status of development of direct methanol fuel cell[J]. PowerSources, 1999, 84: 161 − 166.

[3]　Berlowitz P J, Darnell C P. Fuel cell choices for fuel cell powered vehicles[C]. Proceedings of Fuel Cell Transportation 2000(SAE SP − 1505), Warrendale, PA, 2000:15 − 25.

[4]　Buckles W, Hassenzabl W V. Superconducting magnetic energy storage [J]. IEEE PowerEng. Rev. 2000, 20(5):16 − 20.

[5]　da Rosa A V. Fundamentals of renewable energy processes [M]. third ed. Oxford: Academic Press, 2013.

[6]　Eshani M, Gao Y, Emadi A. Modern electric, hybrid electric and fuel cell vehicles[M]. Boca Raton: CRC Press, 2010.

[7]　Grillo S, Martini L, Musolino V, et al. Management of different energy storage devices using a losses minimization algorithm[C]. Proceedings of IEEE − ICCEP Conference, 2011:420 − 425.

[8]　Kularatna N, Kankanamge K, Fernando J. Supercapacitors enhance LDO efficiency—part 2: implementation[J]. Power Electron. Technol. Mag. , 2011, 37(5), 30 − 33.

[9]　Lemofouet S, Rufer A. A hybrid energy storage system based on compressed air and supercapacitors with maximum efficiency point tracking(MEPT)[J]. IEEE Trans. Ind. Electron, 2006, 53(4), 1105 − 1115.

[10]　Moubayed N, Kouta J, El − Ali A, et al. Parameter identification of the lead − acid battery model[C]. Proceedings of IEEE − PVSC Conference, 2008:1 − 6.

[11]　Musolino V, Piegari L, Tironi, E. New supercapacitor model with easy identification procedure[J]. IEEE Trans. Ind. Electron, 2013, 60(1):112 − 120.

[12]　Ruddell A. Investigation on storage technologies for intermittent renewable energies: evaluation and recommended R & D strategy, CCLRC − rutherford appelton laboratory[R]. Report WP − ST6 Flywheel, 2003:30.

[13]　Vazquez S, Lukic S M, Galvan E, et al. Energy storage systems for transport and grid applications[J]. IEEE Trans. Ind. Electron, 2010, 57(12):3881 − 3895.

[14] Wang M. Fuel cell choices for fuel cell vehicles, well – to – wheel energy and emission impacts[J]. Power Sources,2002,112:307 – 321.

[15] Zhao T S. Micro fuel cells—principles and applications[M]. London:Academic Press,2009.

[16] Zubieta L,Bonert R. Characterization of double – layer capacitors for power electronic applications [J]. IEEE Trans. Ind. Appl. ,2000,36(1):199 – 205.

[17] Christen T,Carlen M W. Theory of Ragone plots[J]. Power Sources,2000,91:210 – 216.

[18] Christen T,Ohler C. Optimizing energy storage devices using Ragone plots[J]. Power Sources,2002, 110:107 – 116.

[19] Pell W G,Conway B E. Quantitative modeling of factors determining Ragone plots for batteries and electrochemical capacities[J]. Power Sources,1996,63:255 – 266.

[20] Ter – Garzarian A G. Energy Storage for Power Systems[M]. second ed. London:IET,2011.

第 2 章　电子工程师眼中的充电电池技术

2.1　引言

自 1859 年 Gaston Planté 发明铅酸蓄电池以来，电化学在过去的一个半世纪中取得了稳步进展。半个世纪以来，随着电子元件小型化的持续稳步发展，人们对电子设备能够实现体积更小、重量更轻的便携性怀着无限期待，大大增加了对化学电池以及用于电池优化管理的半导体元件的研究需求。化学电池包含一次性电池（又称原电池）和二次电池（又称充电电池）两种不同类型。关于电池市场的相关信息可参见有关参考文献（IDTechEx Ltd，2012a，b；Advanced Rechargeable Battery Market，2009）和 US demand，2009）。

技术成熟的充电电池包括：①铅酸蓄电池；②镍镉电池；③镍氢电池；④锂离子电池；⑤锂-聚合物/锂金属电池；⑥磷酸铁锂电池。随着对电动汽车和便携式消费产品的需求不断增长，许多机构将大量资金投入新化学电池的研究，如锌电池和可提升电池部分性能的硅电池（硅-空气电池称能够达到无限保存期，2009）等重要领域。相对高的能量密度、优越的循环使用寿命、环保性和使用安全性等，都是二次电池制造商的总体设计目标。毋庸置疑，一次性电池的市场和系列产品已发展成熟，但仍在尝试提升能量密度，降低自放电率（以延长保存期限），以及拓宽使用温度范围。为协助研发，许多半导体制造商持续推出新集成电路系列，以用于电池管理。

本章从工程师的角度介绍了密封铅酸电池、镍镉电池、镍氢电池、锂电池、锌-空气电池等电池的特性，以及在电池管理集成电路（IC）中应用的现代技术，但不包括详细的化学反应及相关电池的化学特性的介绍。此外，简单介绍了智能电池系统的概念、应用与相关标准，以及电池供电系统的安全性标准 IEEE 1625/1725。

2.2　电池术语和基本原理

2.2.1　容量

电池芯容量就是一个指定时期内的电流总和。

$$C = \int_0^t i\,dt \tag{2.1}$$

式（2.1）既适用于充电，也适用于放电；也就是电池满充或满放的电量。电池容量的单位为毫安时（mAh）或安时（Ah）。

虽然基本定义很简单，但在电池行业中，还有许多不同的容量形式。他们之间的区别反映了容量测量的不同条件。

2.2.1.1 标准容量

标准容量用于表示相对较新、但稳定产出的电池在规定的标准应用条件下能够存储和释放的总电量。其假设电池是完备的在标准温度下以规定速率完成充电，然后在相同的标准温度下以规定速率放电，并达到放电终止电压（EODV）。如前所述，标准放电终止电压本身随放电速率而变。

2.2.1.2 实际容量

当应用条件不同于标准应用条件时，电池的容量也有所不同，实际容量一词包含所有可改变一个充满电的新电池或电池输出电量（达到标准放电终止电压）的非标准条件。这种情况可能包括将电池置于寒冷的环境中或高速率放电条件下。

2.2.1.3 有效容量

充满电的新电池达到非标准放电终止电压所输出的实际容量，称为有效容量。因此，如果标准放电终止电压为 1.6V/cell，则达到 1.8V/cell 的放电终止电压时的有效容量低于实际容量。

2.2.1.4 额定容量

额定容量指全新的完备电池在标准条件下测得的最小预期容量。这是电容值的基础，并取决于使用的标准条件（因制造商和电池类型不同而有所差异）。

2.2.1.5 剩余容量

如果电池充满电后存放了一段时间，电量会流失一部分，剩余的可放电容量称为剩余容量。

2.2.2 Peukert 定律和电池容量

以电池容量（记为 C_{load} 或 C）来测量电池能够向负载输送多少电量并不十分准确，因为这取决于温度、电池使用时长、荷电状态以及自放电率。据观察，两个完全相同的充满电的电池，在相同情况下，可输送至负载的电量是不相同的，具体取决于负载中的电流。换句话说，电池容量非常量，其适用于充满电的电池，并且在没有结合其他信息（额定放电时间，假设是在恒定电流状态下放电）的情况下无法单独充分说明电池的特性。本论述基于 Peukerts 法则（1897 年 Peukert 以一个铅酸蓄电池为例对此进行了阐述），即

$$I^n t = \Lambda = 常数 \tag{2.2}$$

式中：t 为时间，h；I 为电流，A；n 为稍大于 1 的 Peukert 常数，对于铅酸蓄电池，该数值约为 1.2。

在大多数工程实际中，将以恒定放电速率 I 条件下的电池容量定义为

$$C = It \tag{2.3}$$

结合式（2.2）和式（2.3），有

$$C = \Lambda I^{1-n} \tag{2.4}$$

于是得出了对电池放电曲线的解释，即电池容量取决于放电电流，如图 2.1 所示。

需注意，在这种形式下，Peukert 方程表现出单位不平衡。该方程旨在说明放电电流升高情况下电池的内在损失。在电池放电电流逐渐升高的情况下，电池内阻增加，电池的恢复率降低（Hausmann，Depick，2013）。后来的研究表明，恢复率下降是由正极活性物质活跃点数量减少，以及正极材料与电解质之间的电阻加大导致的（Baert，Vervaet，1999）。指数 n，即 Peukert 常量，可用于表示这些损失（Doerffel，Sharkh，2006）。该方程仅在放电电流和电池温度恒定时有效。这一关系在实际电池（如锂离子电池和镍氢电池）中需要加以改进，更多详细论述可参见有关参考文献 Hausmann，Depick，2013；Baert，Vervaet，1999；Doerffel，Sharkh，2006；Guoliang 等，2010）。

2.2.3 C 倍率

C 倍率指以 A 或 mA 为单位的倍率，等于以 Ah 或 mAh 为单位的电池的容量值。例如，一个容量为 1.2Ah 的电池的 C 倍率为 1.2A。C 概念简化了关于多种不同尺寸的电池的充电问题，因为在 C 倍率相同的条件下，电池对于充电的响应是相似的。一般而言，一个 10Ah 的电池在 1.0A（0.1C）的充电速率下的响应方式与一个 2Ah 的电池在 0.2A（0.1C）的充电速率下的响应方式相同。电池以不同的电流放电会影响其容量，如在低放电速率下的实际容量大于高放电速率下的实际容量，如图 2.1 所示。

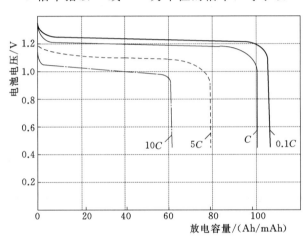

图 2.1　典型电池的放电容量与放电速率的关系曲线

2.2.4 能量密度

电池的能量密度等于其能量除以质量或体积。当使用质量计算时，称为质量能量密度；当使用体积计算时，称为体积能量密度。术语"能量密度"和"比能量"有时分别用于体积和质量计算方法。

2.2.5 电池功率密度

电池功率密度指特定电荷状态（通常为 20％）下，电池单位体积能够输出的功率，又称为体积功率密度，单位为 W/L。

2.2.6 循环使用寿命

循环使用寿命用于衡量在制造商循环充电建议下的电池重复深度充放电并且达到应用最低容量要求的能力。可以以任何速率和放电深度（DOD）模拟应用条件，以进行循环放电测试。但需要了解循环使用寿命与放电深度呈逆对数关系。

2.2.7 循环能量密度

循环能量密度将电池能量密度及其使用寿命统一考虑，这种复合性特性更能够描述充电电池的特征，有利于不同电池之间的性能比较。循环能量密度作为复合性特性，定义为能量密度和该能量密度下循环使用寿命的乘积，单位为 W·h·次/kg（以质量计算），或 W·h·次/L（以体积计算）。

2.2.8 自放电率

自放电率以一定的时间衡量电池所储存电量在电池未使用情况下仍能满足最低容量要求、并能够充电至额定容量的能力。通常，自放电率的测量方法是将电池置于室温环境内的架子上，然后定时测量其开路电压。可对样品进行了阶段性放电，以确定剩余容量，并进行充电，以确定可再充能力。

2.2.9 充电效率

充电效率指电池接收电荷的能力。充电效率等于 C_{load}/C_{charge}，其中，C_{charge} 表示充入电池的电荷量。有时充电效率也称为库仑效率，受电池温度、充电速率和荷电状态的影响。更多相关论述参见后文图表。

2.2.10 放电深度

放电深度指电池放电量除以其实际容量的百分比。

2.2.11 电池放电曲线和相关术语

图 2.2 是典型的二次电池放电曲线，基本上适用于所有化学电池。充满电的电池终端电压通常高于其标称值，相对放电曲线较为平稳。但当电池放电达到其额定容量的 80% 左右时，随着内阻等指标的加大，电压降显著增加，并且通常呈现出急剧下降的特点，曲线骤降。

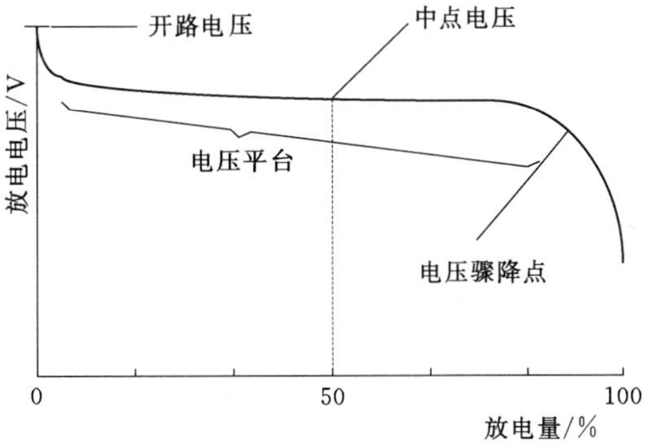

图 2.2 典型的二次电池放电曲线

2.2.11.1 电压平台

电压平台指电压缓慢下降的阶段，以开始放电发生电压降时持续至放电曲线骤降点，如图 2.2 所示。

2.2.11.2 中点电压

中点电压指当放电量达到实际容量的 50% 时的电池电压（图 2.2）。电池设计中，中点电压可视为标称电池电压。

2.2.12 过充

过充指电池充满电之后仍继续充电。当电池尚未充满电时，充电电流的电能通过充电反应转换为电池化学能。但是，当所有有效活跃物质均已转换到已充电状态，充电电流内的有效能量将导致电池——产生气体，或激活其他不必要的化学反应。通常，该过程将导致电池内温度上升。

2.2.13 荷电状态

电池的荷电状态指剩余容量所占百分比（剩余容量除以额定容量），即，荷电状态指电池中储存的能量与电池能够储存的总能量的比值。如果额定容量单位为 C 或 Ah，则剩余容量也应以相同的单位计量。当剩余容量或额定容量单位为 W·h 时，荷电状态可以基于能量储存能力来估算。荷电状态能够体现出电池的电流状态，使电池能够在有利于提高电池使用寿命的条件下安全充放电。

荷电状态百分比通常利用充入或流出电池的电荷量来估算，可采用典型的库仑计数法。在这种情况下，电池的额定容量计为 Q_{rated}，此变量不是温度或已使用时间的函数（因为通常是在标准实验室条件下以受控温度进行估算）。但为了适应随着使用时间逐渐增加而发生的荷电状态变化，有必要采用变量 $Q_{dicharge}$，其定义为最大总电荷量，即以 Ah 表示的电池从充满电的状态（荷电状态为 100%）到电量放空状态（荷电状态为 0%）能够输出的电量，即

$$Q_{dicharge} = \int_0^{total} I_b(t) \mathrm{d}t \tag{2.5}$$

由此，荷电状态可以利用已释放容量相对于 $Q_{dicahrge}$ 的比率或百分比来表示，即

$$SOC(t) = SOC(t_0) = \frac{\int_0^t I_b(t) \mathrm{d}t}{Q_{dicharge}} \tag{2.6}$$

式中：I_b 为电池的电流。

在实际应用中，计算充入或流出电池的能量（单位为 W·h 或 kW·h）可采用终端电压乘以电池电流，这种计算方式可应用于考虑系统元件之间传输的实际能量的情况。在电动汽车、混合动力汽车和插电式混合动力汽车应用中，由于发动机容量是以 kW 计量的，电池组的荷电状态是基于初始能量容量 $E_0(t)$ 估算出来的，即

$$SOC(t) = SOC(t_0) - \frac{1}{E_0(0)} \int_0^t P_i(t) \mathrm{d}t \tag{2.7}$$

式中：$E_0(0)$ 为初始能量容量；$P_i(t)$ 为电池输出至负载的瞬间功率。

当 $P_i(t)$ 为负时，电池由外部能量源充电。在这种情况下，系统应兼具监测电池电压和电流的能力。有参考文献提供了一些关于该参数估算的详细资料（Kim，Cho，2011；Ebbesen 等，2012），以及一些关于荷电状态估算和电池健康状态（SOH）等其他参数实际误差的深入研究资料。

2.2.14 电池健康状态

在实际情况下，预测电池组使用寿命非常困难，为此，电池健康状态对于估算电池组的剩余使用寿命是一个有效参数。

电池健康状态指电池储存能量、产生或吸收大电流，以及逾期保存电荷的能力（相对于其初始或标称容量）。充满电的电池内存储的有效电荷会随着电池的使用时间而下降，这是因为电板上的活性物质会随着电化学反应等多种原因而下降。越早检测出电池健康状态下降，越有机会对"智能"电池组采取补救措施，从而恢复电池的容量（Bhangu 等，2005）。

在估算电池的标称（能量）容量随时间推移而下降情况时，由于电池芯发生的若干复杂的化学过程，可采用以下容量下降模型：①电化学模型；②基于事件的模型；③基于能

量交换的模型。电化学模型推导自第一原则，远优于其他两种模型，但将其用于工程实际中的电池组性能预测时，由于受到计算资源的限制，很难实时操作。

采用基于能量交换模型估计电池健康状态时，假设在恒定操作条件下，使用寿命终止之前，电池能够维持固定的能量交换量（相当于几个充放电周期）。电池使用寿命终止可定义为电池容量下降达到其初始容量的 20% 时。基于这些条件，类似于荷电状态，可以将电池健康状态定义为

$$SOH(t) = SOH(0) - \frac{1}{2NE_0(0)} \int_0^t P_i(t) \, dt \qquad (2.8)$$

式中：$SOH(0)$ 为使用寿命终止之前的初始电池健康状态，$SOH(0) = 1$；N 为使用寿命终止之前的循环使用次数。

式（2.8）分母中的因数 2 表示充电和放电。当电池组的使用寿命终止时，$SOH = 0$。一般情况下，N 为非常量，取决于电池的工作条件，如放电深度和 C 倍率等。更多有关详细论述，参见有关参考文献（Ebbesen 等，2012）。

2.3 电池技术概述

常见的一次电池（一次性）能量密度较高，且自放电率非常低，其价格往往也低于充电电池。常见的一次电池包括：①碳锌电池（勒克朗谢氏电池）；②碱性二氧化锰电池；③锂-二氧化锰电池；④锂-二氧化硫电池；⑤锂-二硫化铁电池；⑥锂-亚硫酰氯（SOC_{12}）电池；⑦氧化银电池；⑧锌空气电池。汞电池由于有毒性及环境原因，已逐渐退出市场。更多关于上述化学电池的详细论述可参见有关参考文献（Quinnell，1991；Schimpf，1996）。

电子系统中广泛应用了许多类型的充电电池。常见的充电电池包括铅酸蓄电池、镍电池和锂电池，以及少量锌电池和可再充碱性电池。特定电池技术的选择受到尺寸、重量、循环使用寿命、工作温度范围和成本的限制。主要充电电池的基本特性对比见表 2.1。

表 2.1   主要充电电池基本特性对比

参数	单位或条件	密封铅酸蓄电池	镍镉电池	镍氢电池	锂离子电池	锂聚合物电池	磷酸铁锂电池	可再充碱性电池
电池平均电压	V	2.0	1.2	1.2	3.6	1.8～3.0	3.2～3.3	1.5
相关成本	设镍镉电池为1	0.6	1	1.5～2.0				0.5
内阻		低	很低	适中	高（焦炭电极）最高（石墨电极）			
自放电率	%／月	2～4	15～25	20～25	6～10	18～20		0.3
循环使用寿命	达到额定容量80%时的循环次数	500～2000	500～1000	500～800	1000～1200		1500～2000	<25

参数	单位或条件	密封铅酸蓄电池	镍镉电池	镍氢电池	锂离子电池	锂聚合物电池	磷酸铁锂电池	可再充碱性电池
容许过充能力		高	中	低	很低			中
体积能量密度	W·h/L	70～110	100～150	200～350	200～330	230～410	200	220
质量能量密度	W·h/kg	30～45	40～60	60～80	120～160	120～210	100	80

1990 年以前，镍镉电池用于大多数可再充式电器。这种电池已发展成熟，无技术疑点。然而，对镉的监管审查越来越严（包括在某些司法管辖区强制性回收），而镍镉技术的成熟也意味着容量和使用寿命循环的改善空间已趋饱和。镍氢电池于 1989 年进入市场，并且相对于镍镉电池，在质量和体积能量密度上均实现了进一步的改进。锂离子电池仍是较好的，能够输出镍镉电池双倍以上的 W/L 及 W/kg 功率。当然，更高的性能往往伴随更高的价格。

基于液态锂的锂离子电池的能量密度显著高于镍电池，同时其终端电压也相对较高，因此自 2000 年以后，成为大多数便携式系统常用的能量源。但是，锂离子电池的优势也以更大的电脆弱性为代价。特别的，在不具备最佳电池管理的条件下，锂离子电池更容易受到严重破坏，因此，在过流或过热条件下，需要通过故障保护电路将电池与负载断开。因此，这类电路通常内置于电池组。

一般情况下，电池能量密度增加后，如有可能发生新化学成分内量子跃迁，一个重要的问题就是安全性和传输特性。表 2.2 给出了部分燃料和电池的能量密度与具备传输特性的高爆炸性物品的对比。实质上，1000W·h/kg 的能量密度，是其自有氧化剂在安全传输条件下的最大有效值（Hamlen 等，1995）。通常，传统电池自带氧化剂，类似于这种情况，因此表 2.2 所示的最大值适用于开发选件。但对于氧化剂通过空气中的氧气提供的金属-空气电池并不适用，如锌-空气电池等。

表 2.2　　　　　　　　　　部分燃料或电池的能量密度

燃料或电池	质量能量密度/(W·h/kg)	燃料或电池	质量能量密度/(W·h/kg)
柴油燃料	10000	锂-二氧化硫电池	175
甲醇	5000	碱性电池	80
高爆炸物	1000	镍镉电池	40
一次电池（1995 年估算的最大值）	500	锂离子电池	120
充电电池（1995 年估算的最大值）	200		

来源：Hamlen 等，1995。

随着高能量密度的锂电池进入市场，鉴于以往发生的一些火灾与爆炸事件，锂电池制造商不应将其产品销售给未经认证的电池组组装商（BPA），同时，制定了严格的充放电控制措施。

过去十年来，新型锂电池纷纷上市。主要包括性能优于锂离子电池的锂聚合物（有时称为锂离子聚合物）和磷酸铁锂电池（Chu，2009；Kim，2001）。注意，表 2.1 仅提供初步指南，如需更精确的详细资料，请查阅各制造商数据单。

铅酸蓄电池在汽车中最为常用，因为这种电池能以最大的经济性提供大电流。铅酸蓄电池的涓流寿命也很长，因此很适合常规的"浮充"应用。虽然富液铅酸技术在汽车和类似应用中备受欢迎，但密封铅酸蓄电池适用于电子工程环境。铅酸蓄电池的缺点是，其体积和质量容量最低。

2.4 铅酸蓄电池

目前，铅酸蓄电池是使用历史最长、应用最广泛的充电池系统，主要原因是汽车工业对铅酸蓄电池的依赖。铅酸蓄电池主要包括富液铅酸蓄电池和密封铅酸蓄电池两种类型。

2.4.1 富液铅酸蓄电池

目前，富液铅酸蓄电池基本都由 Faure 于 1881 年的设计发展而来。它由一个容器构成，该容器包含多个浸没在稀硫酸池中的极板。在大多数工业电池中，电池芯堆栈通常浸没在 30％～40％的高纯度硫酸水溶液中。牵引用电池使用的溶液浓度更高，以此提高电池的能量密度。隔膜基本使用不具导电性的多微孔结构，要求润湿性良好，微孔为中小尺寸，强度和柔韧性良好，且电阻低。这些隔膜可以使用橡胶、纤维素、PVC、PE、玻璃纤维或微纤维玻璃制造。近年来，叶状隔膜常常使用包层状隔膜替代，以防止枝晶生长，并提高活性物质的存留（Broussely，Pistoia，2007）。

因化合反应被限制，因此在电池的整个使用寿命内都有水分消耗，且过充过程中电池会排放腐蚀性和爆炸性气体。免维护富液铅酸蓄电池能够提供多余的电解质，以调节正常寿命周期内的水分流失。富液铅酸蓄电池的大多数工业用途在于提供动力、发动机启动和大型系统备用电力。目前，其他形式的电池在很大程度上取代了富液铅酸蓄电池在中小容量领域的应用，但较大容量领域，富液铅酸蓄电池仍继续占据主导地位。

铅酸蓄电池的应用主要分三类：①启动、照明和点火（SLI）或汽车领域；②牵引（深循环）；③固定电池。表 2.3 中提供了对比总结。

表 2.3　　　　　　　　　　　铅酸蓄电池的应用对比

应　　　用	工 作 类 型	设 计 特 性
SLI：汽车、引擎循环、卡车、飞机、轮船	广泛温度范围内高功率放电性能。浅循环下使用时间超 3 年	薄极板，大多 12V，免维护
牵引：电动卡车、公路车辆、高尔夫车	深循环放电（1～5h 时率）。使用寿命500～2000 个循环	管状或平板式极板设计，24～96V 组件
固定电池：电信、UPS、紧急照明、能量存储	长期可靠。放电速率：1～6h 时率。连续充电使用寿命 5～25 年。有限循环能力	设计种类包括：管状、平板式、Planté 和 VRLA 电池芯型

来源：Broussely，Pistoia，2007。

目前为止，富液铅酸蓄电池最大的应用领域是汽车和卡车 SLI 服务。此外，大型富液铅酸蓄电池还能为从叉车到潜艇等各型设备提供动力，以及为许多电力应用提供紧急备用急电源，尤其是电信网络。关于不同类型铅酸蓄电池的详细论述参见有关参考文献（Broussely，Pistoia，2007）。

2.4.2 密封铅酸蓄电池

密封铅酸蓄电池最早在 20 世纪 70 年代初开始用于商业用途。密封铅酸蓄电池的控制反应与其他形式的铅酸蓄电池类似，其关键差异在于达到满电状态时，密封铅酸蓄电池内会发生再化合过程。在常规富液铅酸蓄电池系统中，过充导致多余能量进入电解质的水解反应，生成气体排放出来。这是因为多余的电解质可防止气体扩散到对面极板，以及可能发生的再化合过程。因此，过充可造成电解质流失，从而需要补充。而密封铅酸蓄电池（如密封镍镉电池）可通过再化合来降低或消除这种电解质损耗。

用于电子工业的密封铅酸蓄电池与汽车常用的富液型电池略有不同。密封铅酸蓄电池基本上包含两个类型：采用硅胶凝胶电解质的胶体电池吸液式系统。凝胶电解质系统是通过将硅胶与电解质混合，使其凝结成明胶的形式而获得的。吸液式系统采用细玻璃纤维隔板吸收和留存液体电解质。吸液式系统也被称为吸附式玻璃纤维棉（AGM）。业内也将吸附式玻璃纤维棉称为"吞吸设计"，是指玻璃隔板的吸附极限，从而限制了与隔板扩散特性有关的 AGM 设计。在某些情况下，AGM 电池必须使用支架或凹槽来固定其位置，以达到最佳性能。胶体和 AGM 两类电池均称为阀控式铅酸（VRLA）系统。目前，密封铅酸蓄电池在许多之前不使用铅酸蓄电池的市场领域中均得到有效应用。如需了解铅酸蓄电池的详细论述，建议参阅有关参考文献（Gates 能源产品股份有限公司，1992；Hirai，1990；Moore，1993；Moneypenny，Wehmeyer，1994；Nelson，1997）。

2.4.2.1 密封铅酸蓄电池的放电性能

一般放电曲线、电压-容量函数（电流一定）如图 2.2 所示。密封铅酸蓄电池的放电电压通常保持相对恒定，直到释放完大部分容量。然后放电电压急剧下降。相对于放电长度的电压平台的平整度和长度是密封铅酸蓄电池的主要特征。电压离开平台并开始迅速下降的点定义为曲线的膝点。

密封铅酸蓄电池可在广泛温度范围内放电。电池在寒冷环境下仍可保持足够的性能，而在炎热环境下，产生的实际容量可能会高于其标准容量。图 2.3 体现了实际容量和电池温度之间的关系。实际容量以 23℃条件下测得的额定容量百分比表示。计算温度效应是相当困难的，因为容量还取决于许多因素：设计、制造方法、储存条件、使用历史，以及最重要的电流密度。但在 30℃左右的有限温度条件下，IEC 推荐使用如下公式计算：

$$C_T = C_{30}[1 + 0.008(T - 30)] \quad (2.9)$$

式中：C_T、C_{30} 为对应温度下的容量，Ah。

对于低、高放电率的影响，n（Peukert 方程）变化范围为 1～2。

2.4.2.2 电池使用寿命内的容量

密封铅酸蓄电池的初始实际容量几乎始终低于电池的额定或标准容量。但在电

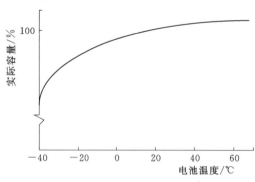

图 2.3 实际容量—电池温度关系函数

池的早期使用寿命内，实际容量会增加，直至达到一个稳定的数值（通常高于额定容量）。电池容量开发所需的充、放电循环次数或浮充时长取决于采用的具体设计方案。或者，如果电池以 0.1C 速率充电，则通常会在 300％额定容量的过充之后开始稳定。如果以低速率充、放电，这个过程可能会加速。

正常运行条件下，在使用寿命中的大部分时间内，电池容量将保持或接近稳定值。随后，由于老化和负载的原因，电池将开始出现容量下降的情况。这种永久性损耗通常会随着使用时间缓慢升高，直到容量下降至低于其额定容量的 80％，这常常被定义为电池有效使用寿命终止。图 2.4 体现了密封铅酸蓄电池的预期容量随着循环使用寿命而发生的变化。

2.4.2.3 脉冲放电对容量的影响

在一些应用中，不要求电池连续输出电流。而是以脉冲形式通过电池输出能量。通过允许电池在脉冲间隙"休息"，提升了电池的总有效容量。图 2.5 体现了相同速率的脉冲和持续放电条件下，放电容量电压函数的典型曲线。

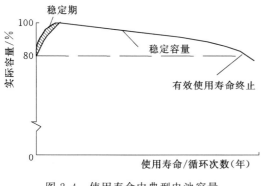

图 2.4 使用寿命内典型电池容量

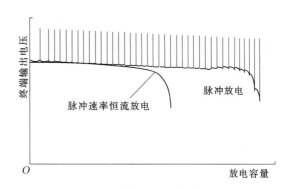

图 2.5 典型脉冲放电曲线

关于脉冲曲线，上面各点连线表示开路电压，下面锯齿表示负载连通期间的电压。以放电容量的使用为横坐标，除去休息时间，仅表示有效放电时间。

2.4.3 充电

通常，密封铅酸蓄电池的充电过程表明，充电不足比过度充电更有可能造成应用问题。由于吞吸式电解质电池防止过充损坏的性能相对更强，因此，设计师可能更倾向于确保电池能够完全充电，甚至容许一定程度的过充。但是，无论是在充电强度还是充电时长方面，我们显然仍应避免过度充电。

多数情况下，密封铅酸蓄电池具备很高的充电接受能力，通常大于 90％。充电接受能力达到 90％表示，流入电池的每安时电荷，可使电池能够向负载输出 0.9Ah 电流。影响充电接受能力的因素包括：电池温度、充电率、电池的荷电状态、电池已使用时间，以及充电方法。

电池的荷电状态可在一定程度上体现电池尚能接收电荷的效率。当电池完全放电后，充电接受能力最初是相当低的。由于电池变得只能缓慢充电，因此，更易于接收电荷，充电接受能力骤然加快，在某些情况下，近达 98％。充电接受能力保持较高水平，直到电池趋于充满电。

如上所述，当电池充满电时，一部分电能开始生成气体，这表示充电接受能力开始流失。基本上，当电池充满电后，除了弥补内部损失的极少量电流（否则将自放电），所有充电能量都会生成气体。图 2.6（a）是这些现象的大致曲线。在大多数化学反应中，温度对于密封铅酸蓄电池充电反应无积极影响。较高温度下充电比较低温度下充电效率高，所有其他参数均相等，如图 2.6（b）所示。

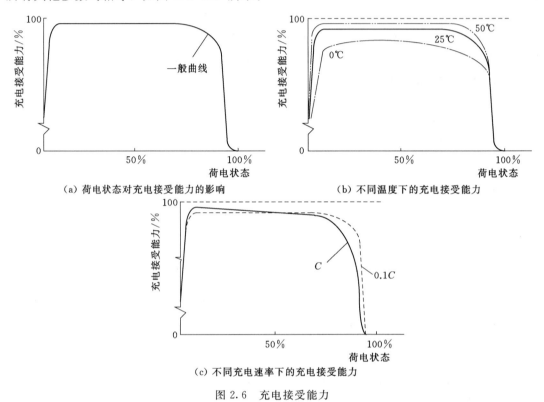

(a) 荷电状态对充电接受能力的影响　　　(b) 不同温度下的充电接受能力

(c) 不同充电速率下的充电接受能力

图 2.6　充电接受能力

吞吸式电解质密封铅酸蓄电池在大多数充电速率下的充电效率都很高。当荷电状态未高过可引起过度放气的条件下，电池能够在加速速率下接受电荷（最高达电容率）。而且，电池能够在低速率下以很好的充电接受能力充电。

图 2.6（c）体现了由充电速率进一步确定的充电接受能力的大致曲线。观察这些曲线，能够发现，在荷电状态较高的情况下，以低充电率能够达到更好的充电接受能力。

2.5　镍镉电池

镍镉电池属于充电电池，包括镍镉、镍氢、镍-氢气、镍锌和镍铁电池五种类型，通常有一个基于镍的正极和碱性溶液。即使已知镍镉电池有一些缺点，特别是低能量密度和环境影响（由于含有镉成分），但仍为许多工业应用所青睐。镉被用作负电极，b-羟基氧化镍用作正极。电解质是一种氢氧化钾（KOH）溶液，浓度为 22%，含一些氢氧化锂（LiOH），旨在提高使用寿命循环和温度性能。镍镉电池包括排放型和密封型两大类型。排放型电池可包含袋形极板、烧结板、纤维镍镉（FNC）和塑料黏结板四个不同电极结构。袋形极板型最久远的，容量最高为1450Ah；烧结板型旨在将能量密度增提高50%，以满足更高的功率需求；纤维镉镍型实现了广泛的功率输出能力；塑料黏结型是较新的型式，降低了重量和体积。烧结板型可达到100Ah，而纤维镍镉和塑料黏结型可达约500Ah。更多有关详细论述，参阅有关参考文献（Broussely，Pistoia，2007）。

密封镍镉电池的工作原理类似于阀控式铅酸蓄电池，包含烧结、纤维镍镉和泡沫三种不同型式。前两种类似于排放型，而在泡沫型中，镍电极是通过镀镍多孔纤维以及加热分解获得的。更多有关详细论述，请参阅有关参考文献（Broussely，Pistoia，2007）。

密封镍镉电池非常适合应用于自带电源能够提升最终产品通用性和可靠性的条件下。镍镉系列具有更高的能量密度和放电率、快速充电功能、长时间工作和存储寿命等显著优势。这些属性将镍镉系列在便携式产品中达到最高使用率。此外，镍镉能够在广泛的温度范围内以及任何方向上以合理连续的过充能力工作。

在镍镉电池中，负极反应可消耗掉过充过程中正极产生的氧气。该设计可防止负极产生氢气，实现密封结构。镍镉电池主要采用圆柱形或棱柱形配置。由于镍镉电池含有镉（对环境有害的物质），其废弃处置已成为争议性问题。该问题激发了对其他替代性化学成分的研究。

2.5.1 放电特性

密封镍镉电池芯的放电电压通常保持相对恒定，直到释放完大部分容量。然后放电电压急剧下降。电压平台的平整度和长度，相对于放电长度，是密封镍镉电池芯和电池的主要特点。当考虑所有应用变量产生的影响时，测得的放电曲线可完整描述电池的输出。电池芯的设计、内部结构和实际使用条件的差异，可影响性能特性。例如，图2.7（a）说明了放电率的典型效应。

2.5.2 充电特性

在受控电流的条件下，镍基电池很易于充电。充电电流可以是纯直流，或者可以包含大量的脉动成分，如半波和全波整流电流。

本节关于给密封镍镉电池充电，将充电率作为电容率的倍数（或分数）。这些电容率充电电

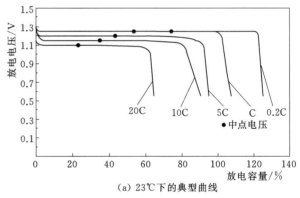

（a）23℃下的典型曲线

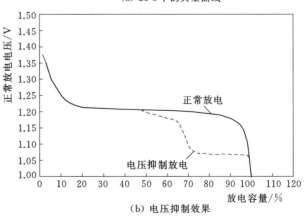

（b）电压抑制效果

图2.7 镍镉电池放电曲线

流，也可分为描述性术语（如：标充、快充、闪充或慢充），如表2.4所示。当给镍镉电池充电时，并非所有充入的电量都能将活跃物质转换成有效（可再充）形式。此外，充电能量还会将活跃物质转换从无效形式，生成气体，或者消失在寄生性副反应中。

表2.4　　　　　　　　　　　　　镍镉电池充电速率的定义

充电方式	充电倍率	再充时间/h	充电控制
标充	0.05	36～48	不需要
	0.1	16～20	
快充	0.2	7～9	不需要
	0.25	5～7	
	0.33	4～5	
闪充	1	1.2	需要
	2	0.6	
	4	0.3	
慢充	0.02～0.1	维持充满电的状态	

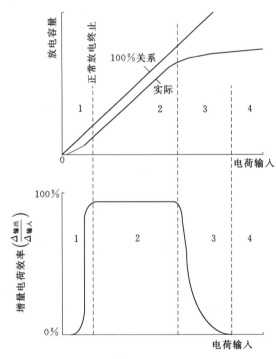

图2.8　密封镍镉电池芯在0.1C和23℃下的充电接受能力

图2.8体现了镍镉电池的充电接受能力。理想的电池，即无充电接受能力损失，效率可达100%。所有输送至电池的电荷将能够全部释放。但镍镉电池接受电荷的效率水平通常并不一致，这取决于电池的荷电状态，如图2.8所示的底部曲线。

图2.8描述了连续型充电行为的这种性能（区域1～4）。每个区反映了一组不同的导致输入电荷能量损失的化学机制。

区域1中，很大一部分输入电荷将一部分活性物质质量转换成了非有效形式，也就是说，在中高速率放电过程中，尤其是前几个循环内，被充物质不易于获得。区域2中，充电效率只略低于100%；少量内部气体和寄生性副反应都可阻碍充电达到完满效率。区域3是过渡区。

随着电池趋于饱和充电，输入电流从充电正极活性物质转换成生成氧气。在过充区域4中，所有电流进入电池产生气体。该区域中，充电效率实际为零。

区域1～4之间的界限模糊，随电池温度、电池结果和充电率的变化而十分多变。此外，区域1～3中的充电接受能力也受电池温度和充电率的影响。如需详细论述，建议参阅有关参考文献（Gates 能量产品股份有限公司，1992）。

2.5.3 电压抑制效应

当一些镍镉电池经过多次部分放电循环和过充后，电池电压可在电容消耗达到 80% 以前降至 1.05V/cell 以下，称为电压抑制效应，而由此产生的较低电压可能低于相应系统操作所需的最低电压，表现为电池已耗尽［参见图 2.7（b）］。当电池过充时，特别是在较高温度下，是很常见的，此时电压可能低于标称电池电压 150mV 左右。从电力学上讲，电压抑制是一种可逆条件，它将在电池完全放电与充电后消失。该过程有时称为调节过程。这种效应有时被误称为"记忆效应"。

参考文献（Broussely，Pistoia，2007）提供了关于镍镉电池化学成分的重要论述，包含对结构和如何应用化学反应的实用而详细论述。

2.6 镍氢电池

1980 年以后，镍镉电池性能迅速发展，并于 20 世纪 90 年代初推出了镍氢（NiMH）电池芯，能量密度提升率近达 170%。到 2000 年，镍氢电池芯的体积能量密度提高至 300W·h/L 以上（Powers，2000）。镍基化学电池的这些扩展已广受欢迎，产品应用包括笔记本电脑和手机等。首个实用型镍氢电池于 20 世纪 90 年代初上市。在这些电池中，环保镉负极为一种可逆吸收与释吸氢元素的合金所取代。该化学成分为动力汽车所选用，直至 2005 年左右（Powers，2000；Stempel 等，1998）。

2.6.1 构造

在许多方面，镍氢（NiMH）电池与镍镉型电池（但将镍用于正极）和近年来研发的称为氢吸附型合金材料电池（将镍用于负极）相同。当镍氢电池新充电时，与电池电解质反应生成的氢存储于负极的金属合金（M）。同时，在正极上（由载入镍泡沫底物的镍氢氧化物组成），有氢离子射出，且镍氧化（Stempel 等，1998）。在 1.2V 工作电压下，相对于镍镉型，可提供高容量和大能量密度特性。

2.6.2 镍镉和镍氢电池的对比

镍镉电池的快速再充和过充容许度高于镍氢电池。镍镉电池的电荷保留时间长于镍氢电池。镍镉电池可接受 500～2000 次充放电循环，而镍氢电池可接受大约 500～800 次循环。此外，相比镍氢电池，镍镉电池可接受更宽泛的温度范围。同时，镍氢电池不存在镍镉电池的"记忆效应"。与任何刚上市的新技术一样，镍氢电池的价格也高于镍镉电池（Briggs，1994；Small，1992）。

镍氢电池放电时的电压曲线图与镍镉电池十分相似。镍氢电池的开路电压是 1.3～1.4V。以中等放电率，镍氢电池的输出电压是 1.2V。正常工作状态下，镍镉和镍氢电池均具备相对恒定的输出电压。图 2.9 是一家电池公司的典型图表，体现了 700mAh 镍镉电池的输出电压与 1100mAh 镍氢 AA 电池在负载下的对比情况。注意，由于镍氢电池容量较大，可延长约 50% 的使用寿命。

镍氢化学电池的发展，存进了动力汽车和宇航电池的推出。20 世纪 90 年代中期至

2005 年年中，上述双极镍氢电池逐步满足了体积和质量能量密度的使用需求（Cole 等，2000；Reisner，Klein，1994）。

图 2.10 是另一个典型电池公司图表，体现了镍镉和镍氢电池的充电形式也很相似。但两个电池充电曲线末端的小碰撞值得关注。即使绝对电池电压随温度变化显著，也能发现这些负偏移。

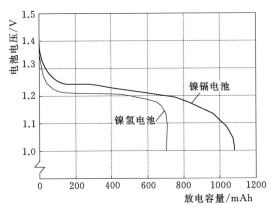

图 2.9　镍镉电池与镍氢电池的放电特性对比　　　图 2.10　充满电后的电池电压

负偏移的出现，可或多或少独立于温度地体现出充满电的电池情况，说明了精良电池电荷的独特曲线。注意，充满电后镍镉电池的负向电压偏移，比镍氢电池更为显著。

2.7　锂电池

至 20 世纪 90 年代后期，对便携式系统的需求持续激增。为实现这些目标，要求对电池技术的提升程度超出了传统镍镉和镍氢电池系统。较新近的锂电池系统克服了早期技术的安全性和环境障碍，并且在通常情况下，充电电池组达到最高效率。由于质量、能量密度达到镍基化学电池的 2 倍左右（参见表 2.1），锂离子电池组的可接受容量重量更轻。此外，锂离子电池电压也达到了镍镉和镍氢电池的 3 倍左右；因此，规定电压需求所需电池更少。由于能量密度高，可节约成本，以及适用于管理电路，因此，锂离子电池已为笔记本电脑和许多其他便携系统选用。

锂电池可分为锂离子、锂聚合物、锂金属和磷酸铁锂几种不同的类型。大多数化学成分都是在 1992 年之后投入商用的（Dan，1997；Morrison，2006a、b，2007）。图 2.11（a）是基于常用的 18650 型电池的锂离子化学研发进展过程，在所有锂电池中是最成熟的。图 2.11（b）是四种常见的充电电池的相应能力。

锂电池和镍电池的最大区别在于，锂电池的内抗较高。图 2.12 针对这一点，给出了不同放电电流下锂离子电池与镍镉电池的实际放电容量对比。以 2A 放电速率（2C），锂离子电池容量低于额定容量的 80%，而镍镉电池可达到额定容量的近 95%（Freeman，Heacock，1995）。对于放电电流大于 1A 的系统，锂离子电池实现的容量低于预期容量。并行电池堆栈配置往往用于锂离子电池组，以降低此问题的严重性。由于锂电池的属性，锂电池无法容载过充、过放问题。

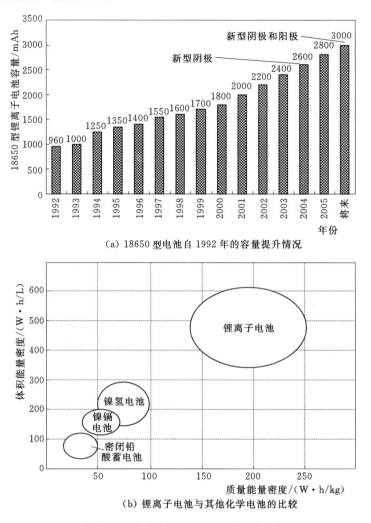

（a）18650 型电池自 1992 年的容量提升情况

（b）锂离子电池与其他化学电池的比较

图 2.11　锂离子电池的发展进程及与其他化学电池的对比
来源：电力电子技术（Morrison，2006a）。

基于给出的燃料、电池和爆炸物的能量密度比较，将锂电池用于便携消费产品的最重要因素在于其安全性。幸运的是，通过半导体制造商采纳的电池和电池组收购商，电池的安全性得到了全面解决。有关详细论述，建议参阅有关参考文献（Bennett，Brawn，1997）。商业可用的锂离子电池组具备内部保护电路，在 4.1V/cell 和 4.3V/cell 充电过程中，根据制造商规定限制电池电压。如果高于该额定电压，可对电池造成永久损坏。

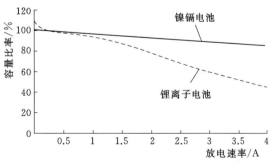

图 2.12　锂离子电池、镍镉电池容量与放电电流

为避免降低电池循环使用寿命及损坏电池，有必要将放电电压限制在 2.0～3.0V（根据制造商规定）。

2.7.1 构造

锂离子电池的阳极（或负极）由一个能够作为可逆锂离子储层的材料构成。这种材料通常是某种形式的碳，如焦炭或石墨或热解碳。锂离子电池的阴极（或正极）也由一个能够作为可逆锂离子储层的材料构成。由于这两个储层之间来回穿梭的锂离子，这些电池有时被称为摇椅电池（Fuller 等，1994）。

目前，首选正极材料是钴酸锂、镍酸锂或锰酸锂，因为相对于锂金属，这些材具备 4V 左右的高氧化电位。商用锂离子电池使用的是液体电解质组成的混合物（主要为包含一个或多个溶解锂盐的有机碳酸盐）（Levy，1995）。虽然在早期发展阶段，钴酸锂是阴极材料的首选，但在较新近的系统中，使用了锰酸锂阴极材料。有关化工过程的完整细节，请参阅有关参考文献（Levy，1995）。在最新一代锂离子电池中，松下电池（Morrison，2006a）采用了一种称为镍氧化物基新平台的新型阴极材料，是常用的 18650 系列增加了 2.9Ah。

在锂聚合物电池中，利用一种凝胶或固体形态的聚合物取代了液体电解质。聚合物电解质实现了所需的电极堆栈压力，因此不再需要金属罐就可以轻松地包装电池。利用铝箔和塑材层小袋缩小了占用空间，且重量比金属罐轻。由于这些原因，将锂聚合物电池制造成紧凑的棱柱电池形式（Morrison，2000）。此外，由于刺破后不会泄露，认为这种电池比液体锂离子电池更安全。因此，可简化电池组内保护电路（Morrison，2000）。

在 20 世纪 90 年代后期，推出了磷酸铁锂电池（又称 LFP 电池系列），而近年来，由于来自电动汽车、混合动力汽车和电动自行车以及电源工具的需求，磷酸铁锂电池投入大批生产。这些电池中，正极材料磷酸铁锂不仅环保、价格低廉，而且相对丰富（Jiayuan 等，2009）。

2.7.2 充电和放电特性

目前，主流锂离子技术使用焦炭或石墨作为负极材料。图 2.13 说明了两种电池在放电过程中的差异。大多数放电周期中，石墨阳极放电电压是相对平稳的，而焦炭阳极的放电电压呈较倾斜状（Juzkow，St. Louis，1996）。

由于具备较高的平均放电电压，石墨阳极电池的有效能量高于规定容量。这一条件可能适用于需要指定电池大小具备最大瓦时容量的系统。此外，不同制造商中，两个锂离子系统之间的充放电截止电压也不尽相同。

图 2.14 体现了锂离子电池的典型充电曲线。充电周期开始时，以恒定电流限定值充电，逐渐过渡到

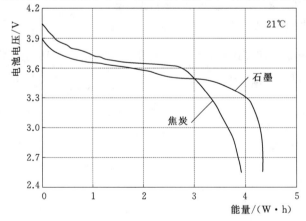

图 2.13 不同电极的锂离子电池放电曲线
来源：改自美国 Moli 能源有限公司（Juzkow，St. Louis，1996）。

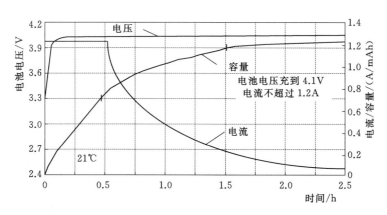

图 2.14 恒定电位下以 4.1V 和 1.2A 以内电压充电过程中的锂离子充电曲线

来源：美国 Moli 能源有限公司。

恒定电压限定值，通常指定在（4.1～4.3V）±1%，具体根据制造商建议。由此，在不损坏电池的前提下实现了最大充电容量。以低电压限定值充电不会损坏电池，但放电容量将降低。一个 100mV 的差异可改变 7% 以上放电容量。

2.7.3 锂离子微电池

近年来，锂离子电池的发展已广泛成熟，体积小于 1cm³ 的硬币电池的有效体积能量密度高达 100W·h/L 左右。通过固态薄膜电池，可实现更高水平的小型化（Bates 等，2000）。这些固态电极和电解质薄膜层装置都实现了高水平循环稳定性和规定容量。但这些电池的整体容量非常小，因此，为克服该 3D 硅片，目前正在结合最先进的锂电池电极进行加工科研（Hahn 等，2012）。这项研究目前正在德国弗朗霍夫研究所进行。根据硅片上可容纳的电极用孔洞数、电流收集器和触点，预期一个 300mm 硅片将产出 2000～10000 个微电池。更多详细论述，请参阅有关参考文献（Hahn 等，2010）。这些微电池旨在为微型传感器节点、射频识别装置（RFID）和医疗装置等供电。

2.8 可重复利用碱性电池

碱性技术在一次电池领域的应用已有几年时间。随着可重复使用碱性锰技术的发展，二次碱性电池的应用已快速覆盖许多消费和工业领域。在许多应用领域，可重用碱性电池的可再充循环达到 75～500 次，首次达到充满电的镍镉电池容量的 3 倍。但这些电池远不及镍镉电池的高功率用途。

加拿大电池技术股份有限公司（BTI）和奥地利格拉茨技术大学于 20 世纪 80 年代后期和 90 年代早期开展了集中研发活动，针对可再充碱性锰二氧化锌（RAM™）系统成功取得了商业化成果。加拿大电池技术股份有限公司在必要时，选择了出售许可证和生产设备，以取得专有 RAM 技术的制造和全球营销权。例如，其中一家许可证买主 Rayovac 公司（在美国发布了名为 RENEWAL™ 的可重复使用碱性产品线）、加拿大纯能电池公司（PURE ENERGY™）和韩国 Young Poong 公司（ALCAVA™）。有关详细资料，建议参阅有关参考文献（Nossaman，Parvereshi，1995；Sengupta，1995；Ivad，Kordesch，1997）。

可重复使用方法背后的化学成分，取决于为防止二氧化锰阴极过充而对锌阳极的限制。此外，还纳入了添加成分，用于控制氢生成和其他对电荷构成的不利影响。额定循环使用寿命大约在 25 个周期（至 50％初始容量）。可实现更长的循环使用寿命，具体取决于排放率和放电深度。为利用可重复使用碱性电池芯并提升使用寿命，需要一种专用"智能充电器"。

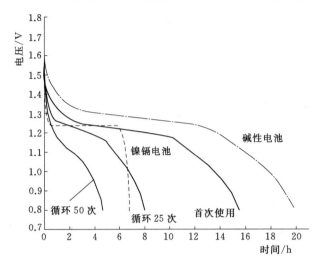

图 2.15　镍镉、碱性电池和可重复使用碱性
电池的 100mA 放电曲线对比
来源：Benchmarq 微电子学/BTI 技术。

可重复使用碱性电池的使用可降低消费者在电池上花费的总成本。该成本节约性可通过一个可重复使用电池与一次性碱性电池的累计容量对比来认定。图 2.15 体现了 AA 电池在放电降至 0.9V、100mA 条件下的容量，由此表明，尽管初始使用可重复使用碱性电池只能达到近乎与碱性原电池持平，但可重复使用电池可在充电后继续使用。表 2.5 表明，通过限制放电深度，累计容量和循环使用次数得到提升。

表 2.5　　　　　　　　　AA 电池芯在不同放电深度条件下的容量　　　　　　　　单位：mAh

条　件	125mA 放电至 0.9V		
	放电深度：100％	放电深度：30％	放电深度：10％
循环 1	1500	450	150
循环 50	400		
累计 50	33000	22000	7000
累计 100		44000	15000
累计 500			73000

此外，过充还会影响可重复使用碱性电池的循环使用寿命。可重复使用碱性电池无法承载过充和连续大电流充电，且如果在达到部分充电状态时有大电流流入，将损坏电池。应通过适当的充电计划防止过充情况。

2.9　锌空气电池

锌空气电池已存在 50 余年，应用于助听器和海港浮标等领域。锌空气技术具有重量轻和能量含量高的特点，促进了 20 世纪 90 年代后期美国的 AER 能源等企业和 2009 年前后 PWE Innogy（德国）和 ReVolt 技术 AS 等企业对锌空气电池的研究（RWE Innogy，

2009）。主要用于电动汽车和便携式电器。此外，还有在太阳能农村电信系统中的应用。

可再充锌空气技术是一种空气呼吸技术，利用环境空气中的养分，以一个可逆过程，将锌转换成氧化锌。电池芯利用空气呼吸碳阴极，将养分从空气中引入氢氧化钾电解质。阴极是多层结构，带有亲水层，而阳极由金属锌组成。

锌空气系统的电压特性是标称电压在1V左右。例如，放电过程中，将在0.75～1.2V电压之间工作。该系统的电流和功率能力与吸气阴极表面积成正比。所需电流、功率越大，要求的电池表面积越大。如需小电流、小功率，使用较小的电池即可。相比其他可再充化学电池，锌空气电池需要一个空气管理器，以控制化学过程的进气和排气。

图2.16是锌空气化学电池的新近研发成果（RWE Innogy，2009）与其他常见充电电池的性能对比。本图清楚地表明了锌空气电池所需重量和体积更低。AER公司的锌空气电池放电和充电特性如图2.17所示。

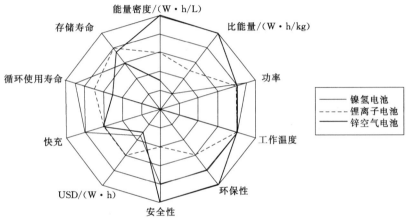

图2.16　锌空气电池与其他常见充电电池的性能对比
来源：RWE Innogy（2009）/Green Car Congress。

放电循环过程中，电池表现出平稳的电压曲线。使用恒压/恒流锥度方法，得出典型的充电电压为2V/cell。使用寿命循环变化范围为50～400，具体取决于放电深度。显然，相比镍电池和锂电池，单位成本是最低的。有关详细论述，建议参阅有关参考文献（Cutler，1997）。

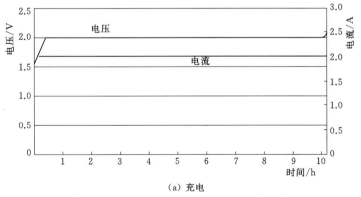

（a）充电

图2.17（一）　锌空气电池放电和充电特性
鸣谢：AER能量技术。

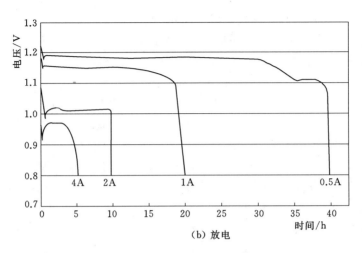

图 2.17（二）　锌空气电池放电和充电特性

鸣谢：AER 能量技术。

参考文献

［1］ Advanced rechargeable battery market: emerging technologies and trends worldwide, March 1, 2009, 245 p. , marketresearch. com(Pub. ID: SB1933124).

［2］ Baert D, Vervaet A. Lead – acid battery model for the derivation of Peukert's law[J]. Power Sources, 1999, 44:3491 – 3504.

［3］ Bates J, et al. Thin – film lithium and lithium – ion batteries[J]. Solid State Ionics, 2000, 135(1 – 4): 33 – 45.

［4］ Bennett P D, Brawn G W. Introduction to applying Li – ion batteries[C]. Proceedings of Portable by Design Conference, USA, 1997:125 – 134.

［5］ Bhangu B S, Bentley P, Stone D A, et al. Nonlinear observers for predicting state – of – charge and state – of – health of lead – acid batteries for hybrid electric vehicles[J]. IEEE Trans. Veh. Technol, 2005, 54(3):783 – 794.

［6］ Briggs A. NiMH technology overview[C]. Portable by Design Conference Proceedings, 1994:BT – 42 – BT – 45.

［7］ Broussely M, Pistoia G. Industrial applications of batteries—from cars to aerospace and energy storage[J]. Elsevier, Amsterdam, 2007:691 – 736.

［8］ Chu B. LiFePO$_4$ batteries help consumer devices come to life[J]. Power Electron. Technol, 2009, 35: 10 – 15.

［9］ Cole J H, Eskra M, Klein M. Bipolar nickel – metal hydride batteries for aerospace applications[J]. IEEE AES Mag, 2000, 15(1):39 – 45.

［10］ Cutler T. Rechargeable zinc – air design options for portable devices[C]. Proceedings of Portable by Design Conference, 1997:112.

［11］ Dan P. Recent advances in rechargeable batteries[J]. Electron. Des. , 1997, 45(3):112 – 116.

［12］ Doerffel D, Sharkh S A. A critical review of using the Peukert equation for determining the remaining capacity of lead – acid and lithium – ion batteries[J]. Power Sources, 2006, 155(2):395 – 400.

［13］ Ebbesen S, Elbert P, Guzzella L. Battery state – of – health perspective energy management for hybrid electric vehicles[J]. IEEE Trans. Veh. Technol. , 2012, 61(7):2893 – 2900.

[14] Freeman D, Heacock D. Lithium – ion battery capacity monitoring within portable systems[C]. HFPC Conference Proceedings, 1995:1 – 8.

[15] Fuller T F, Doyle M, Newman J. Simulation and optimization of the dual lithium ion insertion cell [J]. Electrochem. Soc. , 1994, 141(1):1 – 10.

[16] Gates Energy Products Inc. Rechargeable batteries applications handbook[R]. Butterworth – Heinemann, Boston.

[17] Guoliang W, Rengui L, Chunbo Z, et al. Apply a piece – wise Peukert's equation with temperature correction factor to NiMH battery state of charge estimation[J]. Asian Electr. Veh. , 2010, 8(2): 1419 – 1423.

[18] Hahn R, Höppner K, Eisenreich M, et al. Development of rechargeable micro batteries based on micro channel structures[C]. IEEE International Conference on Green Computing and Communications, 2012:619 – 623.

[19] Hamlen R P, Christopher H A, Gilman S. US army battery needs—present and the future[J]. IEEE AES Mag. , 1995, 10:30 – 33.

[20] Hausmann A, Depick C. Expanding the Peukert equation for battery modeling through inclusion of a temperature dependency[J]. Power Sources, 2013, 235:148 – 158.

[21] Hirai T. Sealed lead – acid batteries find electronic applications[J]. PCIM, 1990:47 – 51.

[22] IDTechEx Ltd. Batteries & supercapacitors in consumer electronics 2013 – 2023: forecasts, opportunities, innovation[R]. 2012:345(SKU: CGAQ4888235).

[23] IDTechEx Ltd. Traction batteries for electric vehicles land, water & air 2013 – 2023[R]. 2012: 333(SKU: CGAQ4862363).

[24] Ivad J D, Kordesch K. In – application use of rechargeable alkaline manganese dioxide/ zinc(RAM^{TM}) batteries[C]. Proceedings of Portable by Design Conference, USA, 1997:119 – 124.

[25] Jiayuan W, Zechang S, Xuezhe W. Performance and characteristic research in LiFePO$_4$ battery for electric vehicle applications[C]. IEEE Vehicle Power and Propulsion Conference, 2009:1657 – 1661.

[26] Juzkow M W, St. Louis C. Designing lithium – ion batteries into today's portable products[C]. Portable by Design Conference, 1996:13 – 22.

[27] Kim S. Lithium – ion polymer batteries promise improved size, safety, energy density[J]. PCIM, 2001:30 – 39.

[28] Kim J, Cho B H. State – of – charge estimation and state – of – health prediction of Li – ion degraded battery based on an EKF combined with a per – unit system[J]. IEEE Trans. Veh. Technol. , 2011, 60(9):4249 – 4260.

[29] Levy S C. Recent advances in lithium ion technology[C]. Portable by Design Conference Proceedings, 1995, 316 – 323.

[30] Moneypenny G A, Wehmeyer F. Thinline battery technology for portable electronics[C]. HFPC Conference Proceedings, 1994:263 – 269.

[31] Moore M R. Valve regulated lead acid vs flooded cell [C]. Power Quality Proceedings, 1993: 825 – 827.

[32] Morrison D. Thinner Li – ion batteries power next generation portable devices[J]. Electron. Des. , 2000:95 – 106.

[33] Morrison D. New materials extend Li – ion performance[J]. Power Electron. Technol. , 2006:50 – 52.

[34] Morrison D. Li – ion cells build better batteries for power tools[J]. Power Electron. Technol. , 2006, 32:52 – 54.

[35] Morrison D. Cathode modeling builds better batteries for power tools[J]. Power Electron. Technol. ,

2007:52.

[36] Nelson B. Pulse discharge and ultrafast recharge capabilities of thin – metal film technology[C]. Proceedings of Portable by Design Conference, USA, 1997:13 – 18.

[37] Nossaman P, Parvereshi J. In systems charging of reusable alkaline batteries[C]. Proceedings of HFPC Conference, USA, 1995.

[38] Powers A R. Sealed nickel cadmium and nickel metal hydride cell advances[J]. IEEE AESMag. 2000, 15(12):15 – 18.

[39] Quinnell R A. The business of finding the best battery[J]. EDN, 1991:162 – 166.

[40] Reisner D E, Klein M. Bipolar nickel – metal hydride battery for hybrid vehicles[J]. IEEEAES Mag., 1994,9(5),24 – 28.

[41] RWE Innogy Invests € 5. 5M in ReVolt; Rechargeable Zinc – air Storage Systems [R]. 2009, http://www. greencarcongress. com/2009/09/revolt – 20090901. html.

[42] Schimpf M. Choosing lithium primary – cell types[J]. Electron. Des. , 1996,44:141 – 144.

[43] Sengupta U. Reusable alkaline™ battery technology: applications and system designissues for portable electronic equipment[C]. Portable by Design Conference, 1995:562 – 570.

[44] Silicon – air battery touts unlimited shelf life [R]. EETimes Asia, November 25, 2009. http://www. eetasia. com/login. do?fromWhere¼/ART_8800590556_765245_NT_17302c65. HTM.

[45] Small C H. Nickel – hydride cells avert environmental headaches[J]. EDN, 1992:156 – 161.

[46] Stempel R C, Ovshinsky S R, Gifford P R, et al. Nickel metal hydride:ready to serve[J]. IEEE Spectr. , 1998,35(11):29 – 34.

[47] US demand for batteries to reach $ 16. 8 billion in 2012[J]. Power Electron. Technol. , 2009,35,9.

第 3 章　充电电池的动力学、模型及管理

3.1　引言

在第 2 章中，我们以电气工程师的视角，简单讨论了化学电池和其基本性能技术参数。为有效发挥充电电池的最佳化学性能，电池管理电路设计师应以电气工程师的视角，对电池化学和其内部行为有本质了解。在现代应用中，如在无线通信产品或电动汽车中，设备的电力消耗会大范围波动，而且能量源必须处理高变化电流输送到电子负荷上，为满足这个要求，需要带有优化设计电池管理系统（BMS）的快速反应电池组。除受加载行为决定的这些特性外，在充电电池组中，充电状态、电池电量健康状态和电池寿命是装机电池的总体质量参数。为决定电池组的最长寿命和最长运行时间的最佳管理标准，电路设计师必须清楚地理解电池动力学，并使用最佳电池模型来设计正确的电池管理系统。

本章提供一些电池动力学的基础知识、获得可实际应用的等效电路的不同建模方式，并对不同应用场景下的管理系统做出概述。本章以电化学为基础的建模方法，是更好理解目前流行的化学充电成分的亮点，而又不涉及数学运算。为了了解电化学相关建模方法，本章引用了大量最新的参考文献。

3.2　电池的最简概念

如在 1.1 节讨论过的，电池的最简模型是基于恒压电源、恒定电阻的电极-电解液化合化学行为，戴维南等效电路给了我们一个非常好的起点。图 1.1 所示的等效电路过于简化，它不能帮助我们理解实际的电池行为，特别是在充电系统和/或接电负载之间的随时间变化电流的充电放电情况。

3.3　电池动力学

为了便于理解电池动力学的基础知识，我们应该从使用系统中受时间影响极大的变量动力系统所包含的简单概念开始。图 3.1 展示了这样的动力系统，系统输入电路接收一个依时性励磁信号，当通过系统传出时，信号被修改和/或转换成同为依时性的输出参数。如系统被一个依时性信号 $u(t)$ 激活，基于可能由数学定义的转换功能，系统对输入信号进行调制，这种情况建立了一个时变输出信号 $y(t)$。动力学系统可以用一系列微分等式来表达，即

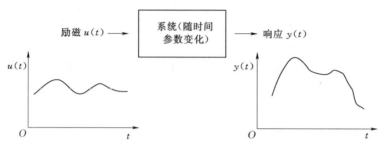

图 3.1 动力学系统

$$y(t) = f[y(t), u(t)] \tag{3.1}$$

输入信号 $u(t)$ 和输出信号 $y(t)$ 为一般向量,如果系统是非线性的,那么式(3.1)也是非线性的。

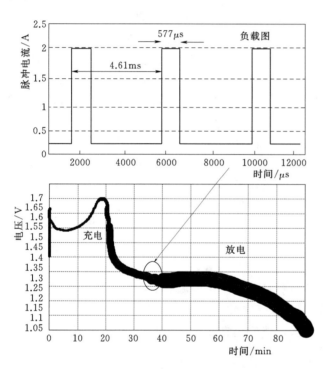

图 3.2 典型 GSM 手机的电池放电脉冲电流

来源:Jossen,2006。

对电池来讲,通常以电流和环境温度作为输入信号。输出信号可以是电池终端电压、电池温度、荷电状态和电池健康状态。同时如内阻和开路电压等信号也是有用的输出信号,从动力学角度来看,这些附加输出信号只产出有限的附加信息。如 Jossen(2006)讨论过的,图 3.2 展示了某电池组的动力学特性简例,图中展示了镍氢电池在充电周期后经历的一次脉冲放电。放电规则与 GSM 标准一致,放电持续 $577\mu s$,一个周期为 4.81ms。脉冲电流从静止阶段的 0.2A 变为传输脉冲时的最大值 2A。放电电压为 40~50mV,如假定其为内阻的话,则电池的内阻为 22~28mΩ。

在这种情况下,因为放电电流是脉冲模式,同恒定直流放电电流操作相比,我们要面临几个问题,如:

(1)我们如何量化叠加在较长期终端电压上的瞬时短期脉冲电压波动?

(2)电池内部是否产生附加热量?

(3)电池的寿命如何,它又如何影响电池的预期使用寿命?

电池的动力学性能可同时被内部参数(如荷电状态、电池健康状态、内阻 DC/AC 组件及其他设计参数)和外部参数(如环境温度、DC 电流及电池的使用时长)所影响。相应地，动力学特性也包含这些参数的信息。如 Jossen（2006）所指出的，我们做了大量的可使用在荷电状态/电池健康状态测定上的电池动力学研究工作，电池动力学行为是发生在几毫秒到几年的多种效应的组合。

如图 3.3 所示，电池的不同动力学效应发生在一个宽泛的时间范围内，而且是几种不同效应的组合，如电磁效应、电双电层效应、质量传递效应、循环和荷电状态效应、可逆效应、老化效应。

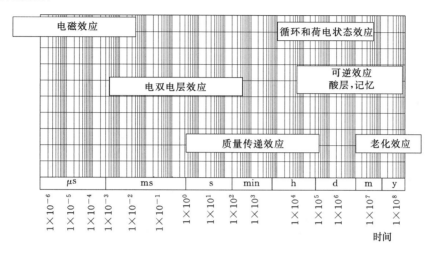

图 3.3　电池动力学效应时间范围图
来源：Jossen，2006。

图 3.3 仅描述了适用于这些效应的不同的时间域，其同时也受到化学、电池设计、温度、荷电状态和电池健康状态的影响。图中没有反应出温度效应，而电池温度动力学取决于电池组的热容、散失热和电池内部产生的热量。一般来讲，电池温度变化的动力学时间范围在几秒钟到几小时。

3.3.1　长期效应

老化效应、可逆效应、循环效应和荷电状态效应都属于长期效应现象，如我们在图 3.3 所见，这些效应的动力学周期为几分钟到几年。这些都涉及电池的操作工况。

3.3.1.1　老化效应

老化效应影响电池性能，特别是电池的输出参数，一般电池的老化时间范围为几个月到几年。原电池的老化时间取决于保存情况，但要经过放电流程。

3.3.1.2　可逆效应

一些电化学存储系统表现出可逆效应。可逆效应出现在循环操作下，并可以通过特殊充放电工况重新再生。比如，通气铅酸蓄电池的酸层可以通过延时充电来去除。再如，镍镉电池可通过再次或多次满额充放电循环来清除记忆效应。如图 3.3 所示，可逆效应的时间域在老化效应和循环效应区间。这些流程的有效时间长度为几小时到 1 年不等。

3.3.1.3　循环和荷电状态效应

如对一块电池进行充电或者放电，其荷电状态的改变过程本身就是这块电池的动力学特性。进一步讲，开路或中断电压本身就是充电状态的一个功能。充电状态的改变或循环的时间域取决于时间域为几分钟到几天的操作条件。

在循环流程中，因内部热源导致的电池升温可引起欧姆加热或其他化学反应。充电/放电分布可极大的影响其产生的欧姆加热。如果假设只有欧姆加热，则发热量计算公式为

$$P_{ohmic} = R_{int} I_{eff}^2 \tag{3.2}$$

式中：P_{ohmic} 为欧姆电阻的功率损耗；R_{int} 为平均有效内电阻；I_{eff} 为基于波形的有效电流。

在我们引用的例子图 3.2 中，对于 GSM 波形来说，电流的均方根（RMS）值估算为 0.73A，平均电流为 0.42A。波形的形状系数约为 1.73，由 GSM 脉冲传播的均方根电流产生的热量，比基于波形平均电流计算出的热量所产生的功率大 3 倍。关于波形参数话题的进一步讨论可以参阅有关参考文献（Kularatna，2008）。

3.3.2 质量传递效应

在像电池这样的化学系统中，离子传送的方式是扩散和迁移。扩散由浓度梯度引起，迁移由电极和电解液化学系统的电子场力引起。两种情况都可以有不同的方向。迁移常常被覆盖在离子上的溶剂化分子所阻碍。

在大多数情形下，大部分的质量传递是由扩散造成的。扩散可以发生在电子化学电池内部的不同位置，如下所示（Jossen，2006）：

（1）在自由电解液或隔膜中，电极一端产生的离子被另一端极性电极消耗掉。

（2）多孔电极上的电化学反应可在多孔电极的活性物质（AM）内部的任何位置发生。

（3）反应生成物可在活性物质内部通过扩散到达最终位置。

（4）如果电极上有一层膜的话〔例如，在锂离子电池中有一层膜，在阳极表面的固体电解质界面膜（SEI）〕，扩散可通过固体电解质界面膜发生。

在电池内部有三个基础部件负责电池的化学反应。他们是正极、负极和电解质。电池中有一个位于两级中间的隔膜。图 3.4（a）是一个典型的锂离子电池，带有一个石墨材质的多孔复合材质负极和一个多孔复合正极及一个聚丙烯隔膜。两个电极和隔膜浸入在电解质中。使用这个简易工作原理图来估算锂离子电池的容量衰减，该模型的更多细节可见

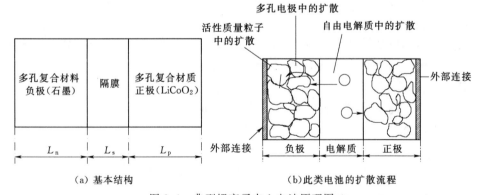

（a）基本结构　　　　　　　　　（b）此类电池的扩散流程

图 3.4　典型锂离子夹心电池原理图

改编自：Ramadass 等，2004；Jossen，2006。

有关参考文献的讨论（Ramadass 等，2004）。

图 3.4（b）画出了三个可发生扩散效应的位置。因为电池有两个电极，所以在多孔电极内部和活性物质内部，扩散都是发生在两极的。这种案例，扩散的发生可以通过菲克第一定律来解释（Jossen，2006）——取决于扩散系数和沿质量传递方向的浓度改变比率。扩散系数具有材料特异性；气体的扩散系数一般为 $10^{-1}\,cm^2/s$，液体为 $10^{-5}\,cm^2/s$。温度是扩散系数的关键影响因素。

离子扩散的极限产生局部离子浓度改变，从电子学视角而言，这能造成电荷转移位置的离子浓度增大或减小从而引起过电压。时间常数表明扩散极大程度的取决于电极厚度和结构，标注时间常数范围为几秒到几分钟（Jossen，2006）。阻抗频谱学，即测量电池对来自于以电压或电流的小振幅信号励磁的响应，以估量电池的小信号阻抗。这种方法常被用来分析由质量传递效应引起的电池动力学行为（Huwr，1998；Jossen，2006）。更多关于电阻抗频谱测量的内容会在稍后的 3.4 章节进行探讨。

3.3.3 电双电层效应

电双电层效应是一种既可出现在电双电层电容器（一般称为超级电容器）中又可出现在电化学电池中的现象。图 3.5 所示是平行板式双电层电容器的基本概念。图 3.5（a）所示是简易平行板式电容器，其电容 kA/d，其中 k 为介电常数，A 为平板的面积，d 为两层平板的距离。当两个电极跨越电解液放置时，因电解质的活动，两个带电层位于电解质的两端，这相当于是两个电容串联，也就是一个双电层液体电容器。以充电电池为例，多孔隔膜仍然安装在中间位置，如果电池使用活性材料，即正负极元件，所用材料与超级电容器中使用的大面积材料类似（Lai，Rose，1992）。一些俗称大表面积材料的具有代表性的超级电容器材料的表面密度为 $50\sim 1500m^2/g$。这种超薄材料与适用的电极结合，可达到较大 A/d 比，形成大容量电容器。在电池内部，这种大电容表层可在电极旁形成并产生双电层效应。

在充电电池内，因多孔电极的表面积较大，加上电极和电解质之间的距离较短，所形成的电化学双电层类似于图 3.5（c）中的示例。由此，电极表面就产生了极大的双电层电容，与电化学电荷转移反应不相上下。

近期发表的研究论文（Li 等，2014）及其引文中指出，我们可以通过锂离子等电池化学类的电化学类阻抗模型的开发，增进对电池动力学的了解。该过程中所发生的在电极/电解质表面上的电荷转移反应可以被简化为如下几步设想：

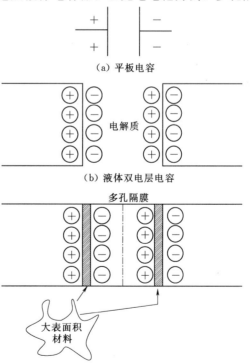

（a）平板电容

（b）液体双电层电容

（c）电解液中由多孔隔膜构成的双电层电容

图 3.5 电双电层电容的简化概念

改编自：Lai，Rose，1992。

(1) 电极由相同尺寸和动力的多球面粒子组成。

(2) 粒子内的物质材料在空间内均匀分布。

(3) 电极具有完美导电性（意为在粒子内或粒子间无电压损失）。

(4) 只有阳极表面才会因老化而生成固体电解质相界面膜。

(5) 电解质、隔膜和集电器被当做一个纯集总电阻器来看待。

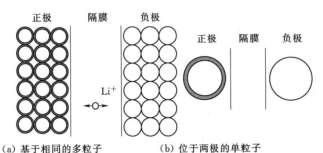

图 3.6　锂离子电池两极简化
来源：Li 等，2014。

通过这一系列简化，我们可以看待电池行为基于如图 3.6（a）所示的相同的多球面粒子，这样我们可以对用锂离子化学物隔膜分开的单粒子对，做简化分析。

这种分析允许开展一系列在内部动力学和外部测量之间的数学关系，包含电子双电层效应和其他已讨论过的效应。因为电池的两电极并不相同，所以他们的动力学特性也不尽相同。在铅酸蓄电池中，标准双电层电容的正负极数值分别为 7～70F/Ah 和 0.4～1F/Ah。很多分析细节可参阅有关参考文献（Li 等，2014），关于不同动力学效应的概述可参阅有关参考文献（Jossen，2006）。图 3.7 绘出了由双电层效应引起的铅酸蓄电池的两极频率响应。

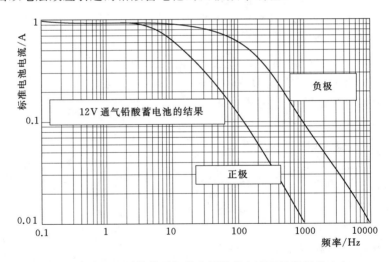

图 3.7　由双电层结构引起的车用铅酸电池两极的频率响应
来源：Jossen，2006。

如图 3.7 所绘，正极的截止频率约为 10Hz，负极的截止频率约为 100Hz。这也就是说频率在 100Hz 以上的交流电不会流过电荷转移反应，因为这种电流被双电层电容过滤掉了。

3.3.4　多孔电极效应

用在电池中的多孔电极属于复杂零件。与平面电极的行为不一样，多孔电极对动力学特性有显著的影响。离子通过多孔电极扩散，是电池中的限制因素之一。此外，因为大多数系统中的放电活性物质的容量比充电活性质量的容量大的多，所以在放电过程中多孔结构发生改变。这导致放电过程中多孔性的降低，进而引起较低的扩散。很多系统中，放电活性质量的导电性都与系统中的充电活性质量的导电性不同。这改变了放电中的活性质量的导电性。这些效应导致在多孔电极当中多放点不均匀，特别是在较高电流的情况下。多孔分布的电极效应表明，与其他多种效应相比，动力学特性对多孔效应来讲更加模糊。

3.3.5 电磁效应

与质量传递与电化学双电层这类慢效应相比，充电电池中产生的效应要快很多。电池欧姆电阻是下列电阻值的总和：电解质电阻、集电器电阻、活性物质电阻和活性物质和集电器之间的过渡电阻。除此之外，每一个电池芯都有一个基于电池几何结构的连续电感值。以铅酸蓄电池为例，对于 100Ah 来讲，它的估值从 10nH/cell 到 100nH/cell。这个电感值限制电流的转换速率，特别是在如铅酸系统这种大型电池中尤为明显。在大型铅酸蓄电池组中，电感值的频率可以超过 1kHz。而在小型电池中，电池的电感值非常小，频率要高得多，可以达到 10～100kHz，会表现出来自于这些电感元件的效应。

随着频率的升高，离子在多孔结构中的穿透深度随之减小，并且电极开始表现的类似平板电极。在高频率下，电极对变成一个平板电容器的等同物。铅酸蓄电池的高频电极间

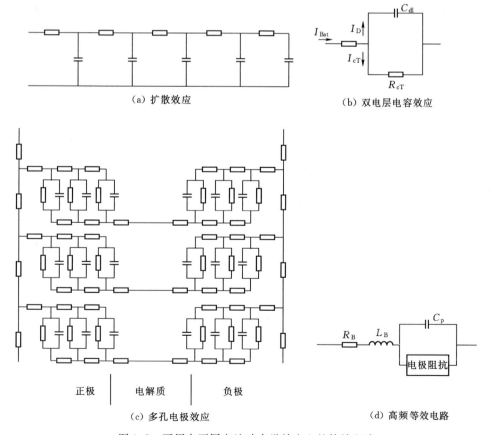

（a）扩散效应   （b）双电层电容效应

（c）多孔电极效应   （d）高频等效电路

图 3.8　可用在不同电池动力学效应上的等效电路

电容典型值大约为 10nF/电池芯（Jossen，2006）。

另一个重要的高频效应是趋肤效应。由电磁场效应引起——导体中的交流电流穿透深度被限制了。圆柱体材料的穿透深度 d 通过 $d = 1/\sqrt{k\mu\pi f}$ 来计算，k 为材料的传导性，μ 为材料的导磁系数。这种效应是否起效取决于集电器所使用材料的深度。更多细节请参阅有关参考文献（Jossen，2006）。

3.3.6 基于多种动力学效应的电池等效电路

对于不同的动力学原理来说，如果只有这种效应控制电池动力学，电池组可用等效电路来表达。比如，图 3.8（a）为等效电路的扩散效应，图 3.8（b）为可使用在双电层效应上的等效电路，图 3.8（c）为可使用在多孔电极效应上的等效电路和图 3.8（d）表明电池的高频等效电路。

3.4 电池的电化学阻抗光谱学

电池的电化学阻抗光谱学（EIS）是一项广泛应用在不同领域的科技，如无损诊断、预测学和电化学系统建模。电化学阻抗光谱学涉及以经验确定电化学材料或电池、超级电容或燃料电池的小信号阻抗。近年以来，这项技术被应用到许多下一代直接能源转换技术，如燃料电池、光伏系统以及能源储存设备，包括电池和超级电容（Lindahl 等，2012）

在电化学阻抗光谱学当中，对电池和超电容这样的电化学设备从一个稳定操作状态中，用恒电势的（不变电压）或恒电流的（不变电流）触发信号通过期望频率范围进行扰动。在小信号基础上，作为频率的一个功能，随后对得到的电流和电压回馈，基于两个信号的内部联系的量级、阶段和频率内容这些可以决定设备局部阻抗的数据，进行分析。电化学阻抗光谱学吸引人的地方在于可观测电性能（在终端级别上）和它的不可观测电化学及物理化学流程之间的正相关性。因此，电化学阻抗光谱学允许对电化学设备的内部流程进行大量数据监测，其监测结果可显示被监测设备如荷电状态的动力学性能，和被监测设备的整体健康状况（Huet，1998；Lindahl 等，2012）。

3.4.1 电化学阻抗光谱学基础知识和不同化学物的样品结果

电池的电化学阻抗（或仅仅是交流电阻抗）围绕着其在终端或特定直流电流（充电或放电）上选定的操作直流电压而发生，从而形成特性化的电池动力学行为。一般来讲，可使用任意类型的激励信号（如正弦波、脚步、噪声等。）最常见的是使用正弦波，在电流恒定状态下，可对电池进行充放电的 DC 为 I（极化电流），这个正弦激励电流等式可表达为

$$\Delta I = I_{\text{peak}} \sin(2\pi f t) \tag{3.3}$$

式中：I_{peak} 为重叠激励电流的最大值；f 为频率。

这个激励在形式上产生一个 ΔU 的正弦电压回馈，即

$$\Delta U = U_{\text{peak}} \sin(2\pi f t + \varphi) \tag{3.4}$$

式中：U_{peak} 为围绕直流终端电压 U 的叠加激励电压的最大值；φ 为叠加电压和叠加电流的相关相位角。

这两个类似的关系也可以发展成恒电位模式。式（3.3）和式（3.4）对电化学阻抗做出了定义，即

$$Z(f) = \frac{U_{\max}}{I_{\max}} e^{j\varphi} \tag{3.5}$$

一般来讲，电压的振幅必须不能超过大约 10mV 以保证阻抗测量在线性条件下进行。在这种情况下，激励和回馈信号实际上是正弦波，而且 $Z(f)$ 值不取决于激励信号的振幅。对于大容量低内阻电池来说，所需交流电流为几安培（Huet，1998）。几种标准信号处理技术可在试验中使用，如频率回馈分析、傅里叶变换和相敏检测（Lindahl 等，2012）。对于这些技术来说，阻抗提取的基础流程都非常相似，更多细节内容可参阅有关参考文献（Orazem，Tribollet，2008）。一般情况下，$Z(f)$ 值取决于温度和荷电状态。同时由于质量转换效应的影响，由 $Z(f)$ 表示的电池动力学行为，在充电和放电过程中可表现得非常不一样。

基于在不同频率下的 $Z(f)$ 值，表达一个如电池或超级电容这样的电化学系统的动力学行为时，使用波特图或奈奎斯特图两者之一。一般使用带有纵坐标阻抗虚数相反的奈奎斯特图的情况比较常见，这样容抗弧可以显示在上象限。图 3.9 给出了锂离子电池在不同荷电状态恒定 25℃时的典型阻抗光谱（Buller 等，2005）。

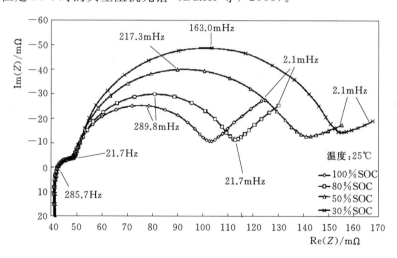

图 3.9　电化学阻抗光谱学作用结果（SAFT LM 176065 型号锂离子电池
典型阻抗，3.6V/5Ah，当 $I_{dc} = 0$A 时）
来源：Buller 等，2005。

图 3.9 记录了不同频率下的阻抗数据。当频率大约为 286Hz 时，阻抗变成大约为 42mΩ 的纯电阻，同时曲线图显示出实轴的交点。更多探讨请参阅有关参考文献（Buller 等，2005）。图 3.10 绘出的是车用铅酸蓄电池的典型电化学阻抗光谱学的作用结果（Buller 等，2003）。

关于使用电化学阻抗光谱学技术对镍氢电池的荷电状态预测的探讨，可参阅有关参考文献（Bundy 等，1998）。

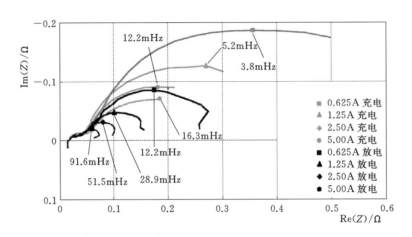

图 3.10　型号为 36 - V - AGM - type 的铅酸蓄电池的电化学阻抗
光谱学作用结果（70％SOC，温度 25℃）

来源：Buller 等，2003。

3.4.2　电化学阻抗光谱学的特殊要求及其局限

对电池使用电化学阻抗光谱学技术时，可引发的问题分为以下三种（Karden 等，2000）：

（1）发生在大电流中的传送和反应流程的非线性。

（2）流程的不稳定性，当至少一种反应物耗尽的时候，电池在充电或放电过程中改变了结构。

（3）现实电池（同实验室电池相比）因其几何结构、反应动力学和多孔电极中的质量转移造成的非理想性。

通过上述问题，我们明确了：与实验电池相比，商用电池在电化学阻抗光谱学下可达到的性能边界。但电化学阻抗光谱学提供了一种独特的电池动力学行为分析工具。更多细节请参阅有关参考文献（Karden 等，2000）。

3.5　电池等效电路模型及建模技术

以电子工程师的角度来看，对于电池来说，其多种重要参数因如温度和荷电状态等流程而变化，其中最重要的是获得等效电路。然后，根据我们在章节 3.3 中讨论过的多种动力学效应，对线性电路元件很难建立简易等效电路。下面所讨论的是对各种部件组成的电池等效电路和它们如何同电池内的内部流程建立联系论述的一个尝试。

3.5.1　Randles 等效电路

首先，所有电化学电池都是将一对合适的电极放置在适当的电解质中组成的，再加上必要的隔膜，以最佳方式转换电池中以化学方式存储的电能。因此，每一块电池都可以被视为两个具备相同电路元件的半块电化学电池芯进行操作处理，但是他们因为不同的参数而有不同的值。Randles（1947）提出了图 3.11（a）所示由四个元件组成的电路，以表示电极-电解液反应、双电层电容和电解液阻抗的组合。在电化学电池中，电解质将两个电极分开，因此我们可以对每半个电池使用如图 3.11（b）所示的兰德尔斯等效电路。在此情况下，C_d 代表双电层电容，扩散相关性能由充电-转换电阻 R_d 表示，与 Warburg 扩散元件（Jossen，2006；Warburg，1899）组合在一起，对在电极上发生的扩散流程进行建模。

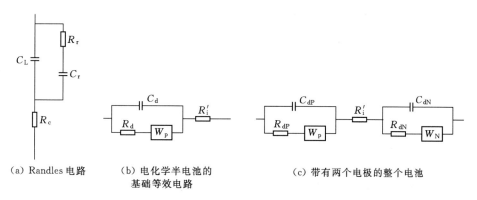

(a) Randles 电路　　(b) 电化学半电池的　　　　(c) 带有两个电极的整个电池
　　　　　　　　　　　基础等效电路

图 3.11　兰德尔斯模型延伸出的两个电极半电池

Warburg 扩散元件是一种可用于对半永久线性扩散进行建模的常用扩散电路元件（Jossen，2006），即在大平面电极的无限制自由扩散。Warburg 阻抗元件很难分辨，是因为它几乎总和充电-转换电阻和双电层结构相关联，但却在所有电池化学中非常常见。Warburg 扩散元件（Z_w）是恒相元件，其恒相温度为 45℃（频率相独立），它是频率开方的分数，即

$$Z_w = \frac{\sigma}{\sqrt{\omega}} - j\,\frac{\sigma}{\sqrt{\omega}} \tag{3.6}$$

式中：σ 为 Warburg 系数（或 Warburg 常量）；ω 为角频率 $2\pi f$。

Warburg 元件的振幅为

$$|Z_w| = \sqrt{2}\,\frac{\sigma}{\sqrt{\omega}} \tag{3.7}$$

如果存在对数波特图与斜率为 1/2 的值存在线性关系，那就可以确定 Warburg 元件的存在。在图 3.11（b）中，R_i' 为半电池的电解质电阻。图 3.11（c）展示的是两个半电池的组合，后缀 P 和 N 代表正负极效应。通过电化学阻抗光谱学（Karden 等，2000）可以估算电池的这些参数。

3.5.2　更多基于电化学的模型细节

能否理解电池中的电化学流程是多个物理现象以复杂方式组合而成的流程，这一点尤为重要。如图 3.6 所示，以锂离子电池为例，如我们在章节 3.4 中讨论过的，在正负极上流过的电流和作用在正负极上的效应可通过图 3.12 电池的放电过程来表示。在图 3.12 中，$J_{FD,i}$ 代表充电-转换反应的法拉第（感应）电流密度，$Z_{FD,i}$ 为由充电-转换反应引起的电极法拉第阻抗（阳极 $i=N$，阴极 $i=P$），由法拉第电流密度和电势通过界面计算得出的，$\Phi_{1,i}$ 和 $\Phi_{2,i}$ 代表电极/电解质交互界面的两面的电势，$J_{dl,i}$ 为双电层电流密度，$C_{dl,i}$

代表双层电容，J_{film} 代表由于阳极上的固体电解质相界面膜（SEI film）绝缘引起的电容，R_{film}，为固体电解质相界面膜电阻。更多详细讨论和基于巴特勒福尔曼方程式的、能斯托方程式的数学推导，以及与流程相关的菲克第二定律可参阅有关参考文献（Li 等，2014）。这部分的细节讨论已经超出本章节的范围。对于详细的电化学电池工艺的物理学解释和相关数学关系，建议查阅有关参考文献（Grimnes，Martinsen，2008）。

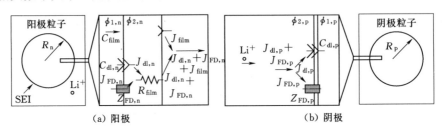

图 3.12　锂离子电池阳极、阴极的电流路径
来源：Li 等，2014。

图 3.13 所示为整个电池的电路结构。结构中有一个阳极阻抗和一个阴极阻抗串联在一起。电解质的阻抗、隔膜和集电器通过纯欧姆电阻 R_0 来表示，位于阴阳两极之间。在高频率下，电池集电器和电池线产生电感应，用纯电感器 L 表示。根据 Li 等（2014）的

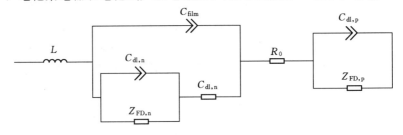

（a）电池的总阻抗模型

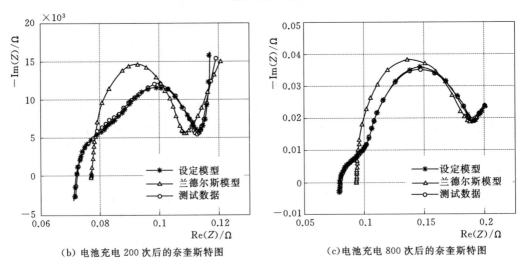

（b）电池充电 200 次后的奈奎斯特图　　（c）电池充电 800 次后的奈奎斯特图

图 3.13　锂离子电池的总电路结构和电池芯的奈奎斯特图
来源：Li 等，2014。

研究成果，图 3.13（b）和图 3.13（c）显示了基于图 3.13（a）所示的相关电路结构的电池，经过 200～800 次充电后的奈奎斯特图。这几张图对设定模型和测试的数据与兰德尔斯模型生成的数据进行了对比。

3.5.3 电池模型和配件的频域行为

一般而言，产品和系统设计师的所有测量计算都会在时间域内进行，比如我们在章节 3.5.2 中讨论过大多个体模型元件的频域为我们提供更多信息。当我们把直流电池操作电流确定为一个常数值后，电化学阻抗光谱学首先也是一个频域手段，在频率领域元件行为进行估测。比如在图 3.9 和图 3.10 中，我们使用真实的和理想的元件通过频域性能表现来体现电池行为。图 3.14（a）基于双半电池和 Warburg 元件组合来说明等效电路。图 3.14（b）所示的是铅酸蓄电池的奈奎斯特图的形状（Huet，1998）。所示频率以 Hz 表达，视图可非常清晰地给出电池（R_{HF}）的欧姆电阻值和电池的小尺寸 R_1 容抗弧效应。R_{HF} 指示连接效应、隔膜效应、电解质电阻效应和用硫酸铅包裹的表面覆盖效应。小尺寸容抗弧和电极的多孔性相关。较低频率上的大尺寸 R_2 容抗弧取决于由 Pb^{2+} 离子质量转移控制的硫酸盐化反应（Huet，1998）。

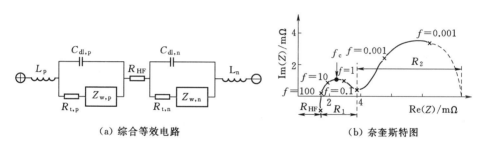

（a）综合等效电路　　　　　　（b）奈奎斯特图

图 3.14　铅酸蓄电池

来源：Huet，1998。

图 3.14 所绘为 940mAh 的锂离子电池在不同充电－放电回数和全充满条件下的电池阻抗。这个例子使用了如图 3.13 所示的电化学模型，与兰德尔斯模型和实际测试数据进行比较。在图形右手末端的较低频率区，Warburg 元件效应在较低频率下更加明显突出。

3.5.4 工程应用上的电池模型实用简化

如前所述，电池中的大部分动力学效应都在多种简化和假定后的基础上进行量化。在商用电池中，很多标准基本都部分有效，并且大部分模型元件都不能准确估算。同样例如 Warburg 元件和双电层电容这种非线性元件，都很难在真实系统中直接使用以估算电池组的荷电状态、电池健康状态和剩余使用寿命（RUL）。为了获得简易模型和降低算法密集度，我们在以电化学为基础的模型中使用了大量的简化手段。

3.5.4.1　简化后铅酸化学模型

除车用领域外，铅酸化学电池在电动交通工具如机场轻型交通系统中，也有广泛使用。比如伦敦希斯罗机场使用的城市轻轨系统（ULTRA）（http：//www.ultraglobalprt.com/？page_id¼24）。这种交通工具使用额定容量为 45～50Ah 的 4×12V 的铅酸 VRLA 电池（Gould 等，2009）。在这种实用例子中，电池组可以使用高速率如 150A 进行放电，同时最大充电电流为 50A 左右。在预测这种在线电池的功能状态（SOF）时，使用重新绘制改进的兰德尔斯等效模型。SOF（荷电状态和电池健康状态的组合）估值使用实际正在使用运行的轻型交通系统，如 ULTRA。图 3.15 所示为图 3.11（a）兰德尔斯电路的改进型版本。在这个 12V 铅酸蓄电池中的 5 基础元件简化兰德尔斯电路中，C_b 是主存储，当电池充满电时，C_b 等于 1×10^5F 电容。R_d 代表大约为 $5k\Omega$ 的自放电电阻。R_i 对电池的终端和池芯间链接建模，R_t（在 $10 \sim 500 m\Omega$ 范围内）和 C_t（$1000 \sim 20000$F）描述质量转移效应。

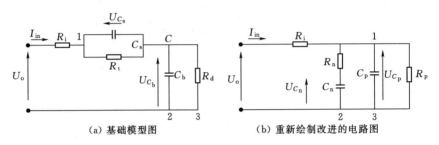

（a）基础模型图　　　　　（b）重新绘制改进的电路图

图 3.15　铅酸蓄电池的改进型兰德尔斯电路

来源：Gould 等，2009。

穿过电容器 C_b 的电压适宜被用来对荷电状态进行电压指示，同时电池健康状态需通过由于例如 AM 退化等老化效应造成的随时间发生重大变化的观测数据来推断（Gould等，2009）。关于铅酸蓄电池退化的化学层面问题的讨论，请参阅有关参考文献（Ruetschi，2004）。通过这篇论文可知，主导老化过程并最终造成性能损失，且最终使电池失效的主要是：①阳极腐蚀；②正极板活性物质退化和格栅失去黏性；③活性物质中硫酸铅的不可逆构建；④短电路；⑤水分损耗。

兰德尔斯模型可通过不同的星角变换等效电路来重新绘制，如图 3.15（b）（Gould等，2009）。等式可列为

$$C_n = \frac{C_b^2}{C_b + C_s} \tag{3.8}$$

$$C_p = \frac{C_b C_s}{C_b + C_s} \tag{3.9}$$

$$R_n = \frac{R_t (C_b + C_s)^2}{C_b^2} \tag{3.10}$$

$$R_p = R_d + R_t \tag{3.11}$$

通过使用这种变型可把电池的参数重绘成更有用的模型，同时使用卡尔曼滤波器（KF），可以对铅酸蓄电池的荷电状态和电池健康状态进行非常好的估算（Gould 等，2009）。更多关于这些技术如卡尔曼滤波器的细节稍后会做梗概介绍。

3.5.4.2　从混合能源电池模型角度考虑质量转换效应

广泛应用的阻抗模型默认电池在测量过程中处于准静止状态。然而，像使用在电动汽车里的电池组常处于非常高持续的、准持续的，或中段放电过程。遇见这样的情况时，如果想准确估算荷电状态或电池健康状态，必须使用改进型阻抗非线性仿真模型。以上情

况，更多的使用精确电解质运转模型，来描述多孔电极中硫酸的产生和转移（Thele 等，2005）。在该参考文献（Thele 等，2005）中，为了高 Ah 输出量的车用电池或相似电池，引入 Matlab/Simulink 在时间域上的安装使用和参数化。在这种情况下，采用了混合能源建模将阻抗模型和基础电解质转移模型的手段。发展自兰德尔斯模型等效电路被扩展出用以表达下列效应：①一般电容元件；②一般 DC 电压源；③如图 3.16 所示的气体排放的并联电路路径。

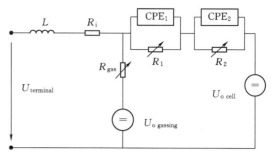

图 3.16　铅酸蓄电池等效电路涵盖排气效应和一般开路电压连同阻抗元件
来源：Thele 等，2005。

对于参数确定，因为考虑到影响因素不仅在荷电状态和温度上，而且还包括电流比率和非线性阻抗，集中电化学阻抗光谱学测量手段被使用在不同的工作点上（Thele 等，2005）。在这种情况下，可使用图 3.10 提供的测量方法。Thele 等（2005）所讨论的扩展模型用图 3.16 中的基于真实两电极的实际酸液浓度的电压源取代了一般 DC 源。相关讨论主要针对电子工程师，超出了本书的范围。

一般来讲，在热力学平衡角度上，铅酸蓄电池的终端电压会调整到一个平衡电压，这个电压的平衡性取决于电解质的浓度和荷电状态。使用电化学阻抗光谱学原理进行铅酸电池动力学建模，以估算受荷电状态决定的平衡电压的相关讨论，可参阅有关参考文献（Mauracher，Karden，1997）。关于使用电化学阻抗光谱学测量的不确定性分析，可参阅 Stevanatto 等（2014）对兰德尔斯参数变化对于电池使用寿命影响的探讨（Stevanatto 等，2014）。

3.5.5　镍金属氢化物电池模型

与镍铬化学物相比，镍氢电池是非常理想的替代物，与镍铬电池相比镍氢电池具有高能量密度、大电流输出输入能力、长使用寿命的特点，并且原材料毒性低。镍金属氢化物对电动运输工具电池来说是一个非常流行的选择，但这同时也要求相对精确的化学模型。

镍氢电池是双夹层电化学系统，正极为固体镍，负极为储氢金属物，充放电时发生化学反应。图 3.17 按步骤画出了以上流程（Gu 等，1999）。两端电极的开路电势是局部荷电状态的函数，并且电池行为极大的依赖于活性物质的利用。此外，镍氢电池的充放电由一系列因素控制，包括一段或两端电极活性材料粒子内部固态扩散的有线速率、电极或电解质交互面的充电-转移动力学和电解质相的欧姆电压降。上述任何一项影响因素都可导致，在装载在电池内的活性物质完全使用完以前，电池就表现出低电势的情况。结果是，活性物质的低效使用成为了至关重要的问题，特别是电动车辆和混合电动车辆电池（Gu 等，1999）。

密封镍氢电池的操作一般伴有氧化反应。氧气在镍棒断电极产生并在充电和过度充电过程中引起电压过度积累。此排气过程对镍氢电池的寿命和性能有强烈的影响，同时控制高充电率下的充电接受能力。对于电池的设计要认真谨慎以有效转送氧气，并与金属氢化物电极重新结合，防止电池电压大幅上涨。所以有必要发展预测能力，不仅对于预测活性

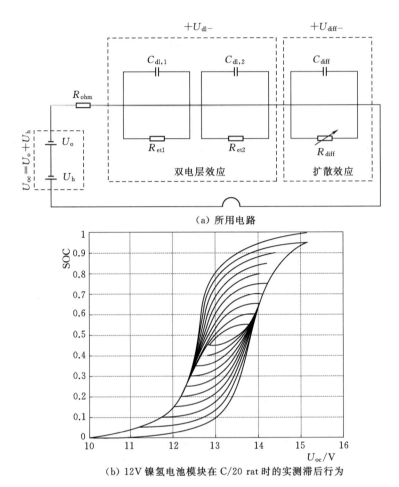

（a）所用电路

（b）12V 镍氢电池模块在 C/20 rat 时的实测滞后行为

图 3.17 镍氢电池等效电路滞后性估算

来源：Tang 等，2008。

物质利用的预测能力，还包括高等镍氢电池中氧化反应产生的电池条件的预测（Gu 等，1999）。镍氢电池器件建模使用诸如阻抗模型（Mauracher，Karden，1997）、非等温模型（Wu 等，2001）、模糊逻辑（FL）模型（Singh 等，2004）和人工神经网络（ANNs）（Fang 等，2012）等不同方式。

一般来讲，考虑到的镍氢电池的细节直接决定将要完成的模型的复杂性。对于镍氢电池来讲，可开发下列模型等级（Wu 等，2001）：

（1）经验模型。从实验数据得到的合适的方程式。

（2）集总模型。质量平衡、电荷平衡、电化学动力学和能量平衡方程式。

（3）分布式模型（与 1D 或 2D 多孔电极模型）。部分流程等式和（2）所列方程式。

（4）耦合电化学/热工模型。热传递和（1）～（3）所列方程式。

根据 Wu 等（2001），镍氢电池的集总模型由很多重要的特性发展而出，包括滞后的潜在性行为。

美国通用汽车已经针对混合动力车，发展出了适宜的电池状态估测仪器（BSE）算法，这些算法给予两种不同的荷电状态混合估测：基于电流的荷电状态和基于电压的荷电状态。电流基荷电状态基于传统库仑集成，但提供的精确性有限，并且对荷电状态的初始值比较敏感（Tang 等，2008）。同时，区别于 OCV 的电压基荷电状态对于荷电状态的初始值不敏感并且对老化效应更有抵抗力。BSE 算法是基于代表电池终端电压和电流之间动力学关系的等效电路模型。如图 3.17 所示，对于镍氢电池来说，电路模型包括 8 个参数、绘制 1 个静电阻 R_{ohm}、代表静态电位电压的 U_{OC} 和分别对双电层效应和扩散效应建模的动力学流程。U_{OC} 是荷电状态的指示参数。进一步阻容（RC）与在近似扩散效应中的变化的扩散电阻配对，它的时间常数从几秒到几小时不等。通过使用这个模型，Tang 等（2008）提出了一个基于建模数学工具 Preisach Operator 的现象学模型，Preisach Operator 被广泛地应用在如变压器、感应器、继电器和智能材料等领域进行迟滞现象建模（Tan，Baras，2005）。更多细节内容，建议参阅有关参考文献（Tang 等，2008；Tan，Baras，2005）。

为发展出更有效的等效电路以同能量行为转述电池组的动力学行为，Khun 等（2006）采用了 Cauer 和 Foster 结构。这两种结构通过改造具备了在实际使用时对电池行为进行预测的能力。此项工作如图 3.18 所示，以改进型兰德尔斯等效电路开始，R_Ω 代表电解质和连接电阻—基于双电层效应的 R_{tc} 和 R_{dl} 并联对的充电-转移现象。Warburg 阻抗 Z_w 代表扩散现象。如图 3.18（b）所示，在镍氢电池当中，充电-转移和扩散现象在特定频率范围发生（Khun 等，2006）。图 3.18（b）当中的奈奎斯特图所示为双电层效应的近似半循环过程和 Warburg 元件表现出的扩散现象的大致 45°的曲线。在 Khun 等（2006）中，Cauer 和 Foster 结构与 Mittaleffler 定理一同被用于开发等效电路元件，并用于比较，分别具有不同的荷电状态值的电池动力学行为，荷电状态值分别来源于理论值和实验测得值。

3.5.6 锂离子电池的建模、等效电路和老化问题

锂离子电池一般由一个金属氧化物正电极（阴极）、一个碳基负电极（阳极）和一个溶解锂盐有机电解质组成。早前阴极使用钴酸锂、锰酸锂或镍酸锂材料，随着汽车科技迅速的发展，给电池中使用的基础材料研发带来很多变化，以便应对汽车工业的发展（Belt 等，

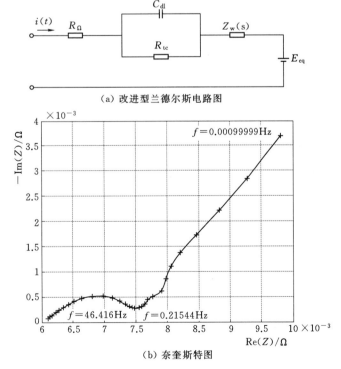

（a）改进型兰德尔斯电路图

（b）奈奎斯特图

图 3.18 镍氢电池及其奈奎斯特图的改进型兰德尔斯电路图
来源：Khun 等，2006。

2011；Bloom 等，2006；Gao，Manthiram，2009；Stiaszny 等，2014）。有保障的阴极候选材料为分层氧化物，如 Li（Ni$_{1/3}$Co$_{1/3}$Mn$_{1/3}$）O$_2$，这类材料具有高比容量的特点（Belt 等，2011），但是这种类型材料的高比率放电能力有限。为了增加电池的大电流放电能力和安全性，对阴极增加锰酸锂材料，因为这种材料具有高功率应用时所必需的快速动力学特点（Belt 等，2011），同时又能降低电池的成本。富锰混合物同富镍或富钴混合物相比更受欢迎，尽管它们有较低的比容量而且锰酸锂还有锰溶解的弱势。同时考虑到比容量和使用寿命的情况下，阳极的最佳材料是石墨（Stiaszny 等，2014）。

自 1991 年采用以来，因其迎合了消费领域对小型电池的需求，锂离子电池在消费领域的很多方面被大量使用。随着美国政府和汽车行业协会在 1993 年建立起新一代电动汽车（PNGV）合作计划（Nelson 等，2002），以锂离子化学物研发高容量电池组的研究获得了蓬勃的发展，多个美国国家实验室在研究长效性能锂离子化学物方便建立了合作（Bloom 等，2002，2005，2010；Us Department of Energy，2010；Wright 等，2002）。

如 3.5.2 节所讨论概括的，锂离子化学物电流流经阴、阳极是非常复杂的流程，并且其发展出了一个需要专业电化学知识的复杂模型。众所周知，锂离子电池的使用寿命要受到有害副反应的影响和限制（Stiaszny 等，2014）。这些副反应可影响到电池的各个部分，包括电解质、活性材料、黏合剂、传导媒、集电器及隔膜，这会导致电池容量降低或增加电池整体阻抗（Stiaszny 等，2014）。理解锂离子电池的老化机理本质，对正确预期其使用寿命具有重要作用。学习锂离子电池的老化现象，需采用电化学阻抗光谱学和其他几种分析方法。更多细节可参阅有关参考文献（Stiaszny 等，2014）。

美国能源部（DOE）文件显示，对于拔插式混合动力车（PHEV）车用之目的，充电电池的性能目标为包含日历寿命共 15 年，工作温度为 $-46\sim66℃$（US Department of Energy，2010）。对于插电式混合动力车用电池组来说，其规格标准的要求为充电（从连续能量源中不断补给）和再生的条件，工况为高电荷电流在短时间内返回电池组当中，一般这种情况发生在汽车制动时。在制动再生流程过程中，汽车的动力能被吸入电池组，但这只能维持一小段时间，因其收到如热升温等物理条件的限制（US Department of Energy，2010）。

新一代电动汽车列出了插电式混合动力汽车的需求，在插电式混合动力汽车电池的特异性实验建议如图 3.19（a）所列方式进行。美国能源部发布的规程大纲支持美国高级电池联盟的测试手册，如 US Department of Energy（2010）就曾表示一项科技成果可达成一系列性能和成本目标。实际的电池化学物知识在此处是不需要的。于是，电池的评价就集中于它们的性能和寿命及它们的使用寿命如何被荷电状态、时间、温度和测试种类影响。日历寿命和充电循环寿命测试被用于确定混合阴极材料的老化特性，实验根据插电式混合动力汽车条件进行（US Department of Energy，2010）。应该注意的是插电式混合动力汽车和混合动力汽车（Department of Energy，2003）的日历测试手册本质上是相同的。充电循环寿命测试更加复杂，由计划获得的学习内容决定测试方式。与单循环操作模式不同，混合动力汽车电量维持（CS）模式，和插电式混合动力汽车电量耗尽（CD）模式一样，都按照图示在图 3.19（b）中介绍到来进行。在电量耗尽操作模式下，电池直接为汽车供电；完全不使用内燃式发动机（引擎）。一段时间后，电池电量耗尽。在低荷电状态情况下，插电式混合动力汽车与混合动力汽车一样，开始进行电量维持模式操作。

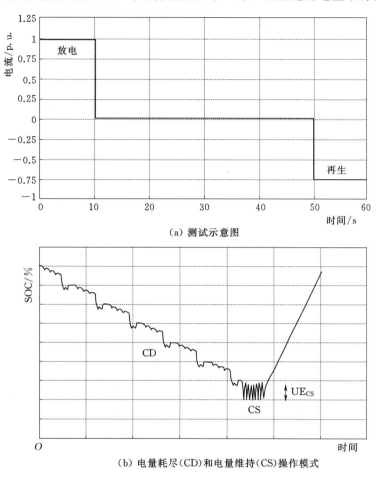

（a）测试示意图

（b）电量耗尽（CD）和电量维持（CS）操作模式

图 3.19　插电式混合动力汽车电池充电-再生建议和操作模式

给出上述插电式混合动力汽车行驶循环的操作细节和电池管理系统的需求，及所需车用电池组更长的日历寿命，设计师必须关注依据容量退化和参数恶化而来的电池行为。如 Belt 等（2011）所详述的，图 3.20（a）所绘 30℃时 10kW 能量电池组的混合-脉冲功率特性，其基于测试曲线图，如按图 3.19（a）。图 3.20（b）和图 3.20（c）显示的是 US Department of Energy（2010）详述的电量维持和电量耗尽模式操作的典型测试曲线图。

专注于插电式混合动力汽车应用的锂离子测试电池，按照 Belt 等（2011）所列逐条测试，根据平均结果显示，锂离子化合物电池阻抗随着老化和循环充电次数持续增加，同时可传送容量随着老化和循环充电次数持续降低。请参见图 3.21。图 3.21 虚线部分是电量维持模式。

同 Belt 等（2011）中日历寿命测试所得到的结果进行比较，这些结果显示出大部分的电阻增加在所有温度下都受到日历寿命的影响。在 30℃和 40℃的时候，日历和维持电量曲线没有显著差异。只有在 50℃和 60℃的时候可观测到显著差异；在电量维持循环测

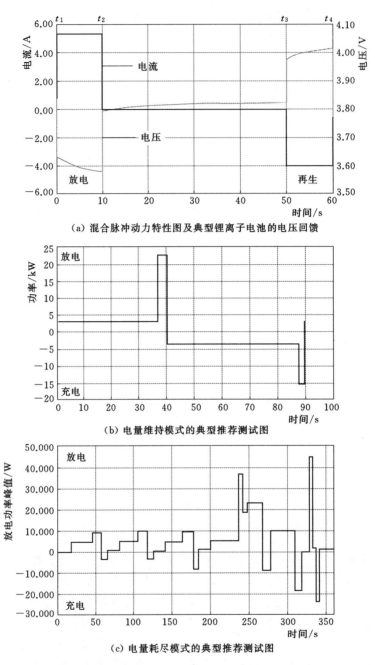

（a）混合脉冲动力特性图及典型锂离子电池的电压回馈

（b）电量维持模式的典型推荐测试图

（c）电量耗尽模式的典型推荐测试图

图 3.20 锂离子测试电池组混合脉冲动力特性（HPPC）测试和插入式混合动力车
用电池组新一代汽车合作计划所列测试曲线图（Belt 等，2011）

试下，电池增加了 9％～19％的电阻。图 3.21（b）比较了日历寿命测的容量衰减情况和在电池上的电量维持循环操作后的容量衰减情况。

在所有情况下，电量维持循环操作都造成容量衰减。大多数情况下电量维持循环操作会改变动力学行为。温度范围在 30～50℃时，日历寿命测试的容量衰减表现出符合阿伦

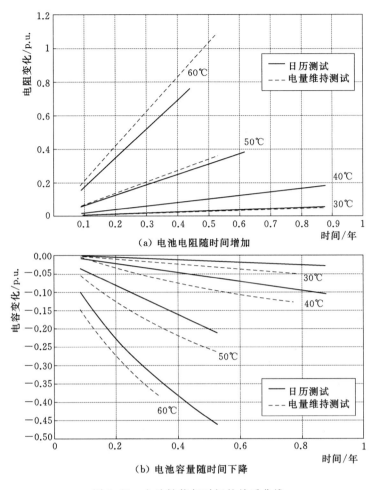

（a）电池电阻随时间增加

（b）电池容量随时间下降

图 3.21　电池性能与时间的关系曲线

来源：Belt 等，2011。

尼斯式（Arrhenius‐like）理论和线性动力学理论；电量维持循环测试出的结果为 $t^{1/2}$ 的动能。只有在 60℃时，日历寿命测试才能观测到动能抛物线。关于这些退化方面问题细节，请参阅有关参考文献（Belt，2011；Bloom，2006）。

图 3.22 所示为适合描绘 Bloom 等（2002）所讨论的高功率锂离子的电阻增加的集总参数电池等效电路。在这个等效电路中，大型电容器 $1/OCV'$ 也被用来绘制正电极的扩散流程的变化。新一代汽车合作计划当中引用的这个集总参数模型（LPM），试图线性化如在 US Department of Energy（2010）所描述的电量维持操作一样的简易可重复电流分布。

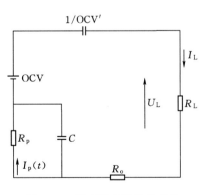

图 3.22　锂离子电池集总参数
模型（LPM）

来源：Bloom 等，2002。

在集总参数模型中使用的等效电路在图 3.22 中，图中开路电压为理想值；R_o 为电极和电解质的浓度极化；I_L 为负载电流；$I_p(t)$ 为流经极化电阻的电流；U_L 为负载电压；R_L 为负载电阻；t 为时间；$1/OCV'$ 与电极中的锂离子扩散系数变化同时间相关。U_L 与其他参数的等式为

$$U_L = OCV - OCV\left[\int I_L dt\right] - R_o[I_L] - R_p[I_p(t)] \tag{3.12}$$

使用 Microsoft Excel 的线性回归函数功能计算出的参数，同这个关系等式的结合情况细节，请参阅有关参考文献（Bloom 等，2002）。

Pattipati 等（2011）也就如图 3.22 所示的电动汽车和插电式混合动力汽车车用电池组的荷电状态/电池健康状态的估算过程进行了讨论。更多关于锂离子的老化问题讨论请参阅有关参考文献（Bloom 等，2001）。Urbin 等（2010）中使用了与 Bloom 等（2002）所使用的相类似的模型，被用于对基于输电线路模型相类似的分布式参数模型的能量模型建模。

3.5.7 磷酸铁锂电池

随着汽车行业开始倾向于电动驱动，工程端发现的主要障碍是：持久性（基于循环寿命）、安全性和存储能量的能量密集型电池组。同时，可再生能量源绿色能源世界正在与电网、能源储存系统整合，对相同容量的电池组有更长的日历寿命需求。为了满足这个寿命需求，锂离子基可充电化学物如磷酸铁锂和钛酸锂（LTO）被迎刃开发。

钛酸锂电池中的 $LiMO_2 / Li_4Ti_5O_{12}$ 基阳极或磷酸铁锂电池中的 Li_xFePO_4 基阴极可提供长效使用寿命、高充放电率、车用电池的高安全性和电动工具的安全性等。表 3.1 给出基于阴阳极的不同锂离子电池化学物选择的比较（Świerczyński 等，2014）。

表 3.1　　　　　　　　　　锂离子化学物技术及经济参数对比

性能参数	阴　　极					阳极
	钴酸锂	镍钴锰酸锂	镍钴铝酸锂	锰酸锂	磷酸铁锂	钛酸锂
寿命	短	好	非常好	短	非常好	非常好
每一循环成本	平均值	平均值	高	平均值	低	低
快速回馈	非常好	非常好	非常好	非常好	非常好	非常好
性能参数	好	好	好	低	好	非常好
安全性	低	好	低	好	非常好	非常好
非常好	非常好	非常好	非常好	非常好	非常好	非常好

图 3.23 所示为磷酸铁锂电池的原理图描述。如 3.23 图绘所表明的，负极的活跃粒子半径大约比正极的活跃粒子半径大 140 倍（Marcicki 等，2013）。电化学建模以预测这种化学物质的性能相关文章，请参阅有关参考文献（Wang 等，2011；Forgez 等，2010；Kassem，Delacout，2013；Kassem 等，2012）。

与基于电化学、热力学开发出的模型相似，对于磷酸铁锂电池或其他化学物电池，电

化学阻抗光谱学为基础的技术科被开发出，用以预测电池的荷电状态/电池健康状态。图 3.24 所绘为针对市场上可买到的 Powerizer 牌，型号为 LFP - RCR 123 A 的磷酸铁锂电池，基于电化学阻抗光谱学数据和相关联的奈奎斯特图的等效电路图模型（Greenleaf 等，2013）。按照出厂数据表看，这种 Powerizer 电池由 $Li_x FePO_4$ 阴极和石墨阳极组成，额定电压为 3.2V，额定容量为 450mAh。

表 3.2 所示为在不同荷电状态下的，电化学阻抗光谱学测量方法的各成分的值。

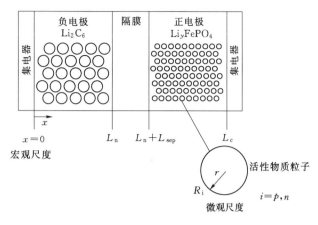

图 3.23　磷酸铁电池原理图

（注意：阳极端的活性物质粒子半径比阴极端的大很多。）

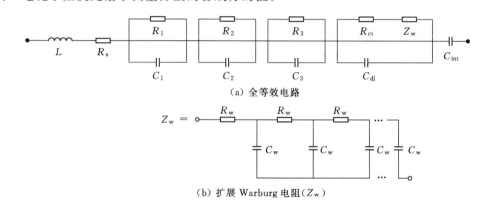

（a）全等效电路

（b）扩展 Warburg 电阻（Z_w）

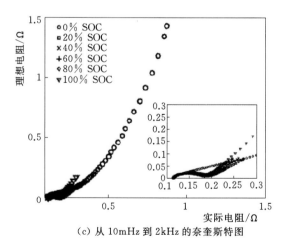

（c）从 10mHz 到 2kHz 的奈奎斯特图

图 3.24　Powerizer 牌磷酸铁锂电池等效电路和奈奎斯特图

来源：Greenleaf 等，2013。

表 3.2　　基于不同荷电状态下的电化学阻抗光谱学测量方法的磷酸铁锂参数表

参　数	描　述	荷　电　状　态		
		0	40	400
$L/\mu H$		0.78	0.86	1.17
$R_S/m\Omega$	溶液、隔膜和接点的欧姆电阻	118	116	115
$R_1/m\Omega$	在初始充电循环时生成的多层表面膜组件，在之后的连续循环中不断的增厚	53	4	6
C_1/F		1.39	100	153
$R_2/m\Omega$		1540	11	24
C_2/F	固体电解质界面膜（SEI）	20.7	2.0	12.6
$R_3/m\Omega$		43.5	28.4	24.1
C_3/F		0.192	0.126	0.440
$R_{ct}/m\Omega$	电解质/电极边界的充电-转移动力学	301	30	36
C_{dl}/F		0.024	0.019	0.023
C_{int}/F	活性物质中锂离子的嵌入/嵌出	700	675	156.5
R_w/Ω	Warburg 阻抗元件。T_w 是分流电路的时间常数	1.07	0.25	0.15
$T_w=R_wC_w/s$		23.4	127.8	125
OCV/V	开路电压	2.5	3.3	3.4

摘录自：Greenleaf 等，2013。

有趣的是，我们可以看到所有电阻元件的值都随着荷电状态降低而增高。这个现象告诉我们耗尽的电池芯一般表现出非常高的内电阻的原因，而且几乎对所有的化学物来说都表现出这个特性。通过多孔电极描述离子扩散现象的，受频率影响的 Warburg 阻抗元件可通过特定测量频率方程式表达，即

$$Z_w(\omega)=R_w\frac{\tanh\sqrt{j\omega T_w}}{\sqrt{j\omega T_w}} \tag{3.13}$$

式（3.13）与式（3.6）和式（3.7）有相同的等式关系。

图 3.24 列出的模型的前提是要将在能量存储设备中观测到的电化学和现象学流程同它们相似电子机构联系起来，从而提供一系列有价值的数据以量化电池的电学行为。为了描述在时间域上电池的性能，图 3.24 所示的频率域电路元件可转换为使用傅里叶变换技术，其结果在图 3.25 中给出。图 3.25 和变换流程的细节可参阅有关参考文献（Greenleaf 等，2013）。相关内容稍后会在第 5 章讨论，内容包含与扩散流程相似的超电容流程。

图 3.25 中 R_{Tn} 和 C_{Tn} 的值可通过将其变换成传输线模型来获得（Greenleaf 等，2013），如

$$R_{Tn}=\frac{8R_w}{(2n-1)^2\pi^2} \tag{3.14}$$

$$C_{Tn}=C_w/2 \tag{3.15}$$

Albertus 等（2008）对电动汽车车用电池组的，可行电容-电极组合进行了讨论，讨

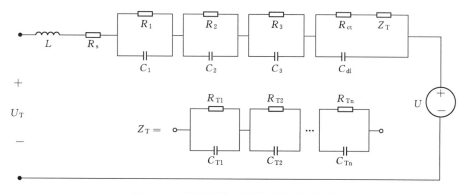

图 3.25　所示频域电路模型的时域变换

论基于表 3.1 所给出的一些电极材料组合，包括基于钛酸锂和磷酸锂材料的电极对。因为这些课题本身需要大量的关于电池电化学的专业知识，所以这些问题的细节内容已经超过了本书的范围，因而未能收录。本章大部分的参考文献（Albertus 等，2008；Belt 等，2011；Bloom 等，2001，2002，2005，2006，2010；Buller 等，2003，2005；Bundy 等，1998；Department of Energy，2003；Fang 等，2012；Forgez 等，2010；Gao，Manthiram，2009；Greenleaf 等，2013；Grimnes，Martinsen，2008；Gould 等，2009；Gu 等，1999；Huet，1998；Jossen，2006；Karden，2000；Kassem，Delacourt，2013；Kassem 等，2012；Khun 等，2006；Kularatna，2008；Lai，Rose，1992；Li 等，2014；Lindahl 等，2012；Marcicki 等，2013；Mauracher，Karden，1997；Orazem，Tribollet，2008；Pan 等，2002；Pattipati 等，2011；Ramadass 等，2004；Randles，1947；Ruetschi，2004；Singh 等，2004；Stevanatto 等，2014；Stiaszny 等，2014；S'wierczynski 等，2014；Tan，Baras，2005；Tang 等，2008；Thele 等，2005；US Department of Energy，2010；Valoen 等，1997；Wang 等，2011；Warburg，1899；Wright 等，2002；Wu 等，2001；Urbin 等，2010；http：//www. ultraglobalprt. com/？ page _ id¼24）是由多位电化学家和物理学家完成了大量的工作，正因如此，电子工程师们需要通过学习一些电化学的基础课程来领会以上探讨。3.6～3.8 节以电子工程师视角来概括介绍电池等效电路和电池管理系统。

3.6　电池管理的实际应用

从前电池管理采取的充电方法可靠、快速又安全，可供电池组选用，还配备有监测设施，用于探测电池组的放电条件。随着现代电池技术的不断推陈出新，成本敏感型便携式产品市场、不间断电源（UPS）和通信功率单元等中等功率产品以及汽车行业［动力汽车（EV）、混合动力汽车（HEV）和插电式混合动力车（PHEV）］产生的电池需求形成了一种现代电池管理系统（BMS），可能包括：

（1）适用于电子系统设计的实际电池建模。

（2）电池充电方法和充电控件。

（3）荷电状态/电池健康状态/剩余使用寿命（RUL）的测定和放电终端（EOD）。

（4）气体测量。

（5）监测电池工作问题。

（6）与主机系统和/或电源管理子系统之间的通信。

（7）电池安全性。

关于为达到最佳性能而简化的实际电池建模，3.6节和3.7节提供了对一些概念和技术的论述，涉及管理给定化学电池，以达到最佳运行时间和最长使用寿命、电池组安全性，以及对电池组的工作状况管理预测。

3.6.1 为反映电池的电化学性而对电池芯进行的实际建模——电子工程师的观点

作为一名工程师，我们往往需要与设备数据表打交道，而将设备的设计及行为留给设备专家和电化学专家/物理学专家组来决定，以实现可大规模生产的电池。这种电化学电池是一种涉及复杂的化学、电力及热力学过程的多学科系统。正如3.5节中的论述，虽然电池建模有很多细节要求，但作为电子工程师，在过于简化的等效电路中，我们倾向于将电池过简化至电压源（开路电压）加串联电阻。然而，在放电与充电过程中，电池的实际电压概况无法恰好反映出这种简化设计的精准情况。图3.26体现了存储的化学能释放到负载时，电池内部的过简化化学过程。

正如图2.1所示，电池容量随放电率的增人而降低。此外，根据图2.5所示，如果我们允许脉冲间歇，电池就能够达到高脉冲放电。图3.26简要说明了这几种行为。图3.26（a）体现了最大浓度活性物质慢充电池的状态。连接负载后，负载电流可使这些活性物质在电极表面消耗掉［图3.26（b）］，并由电解质借助扩散过程来补充。

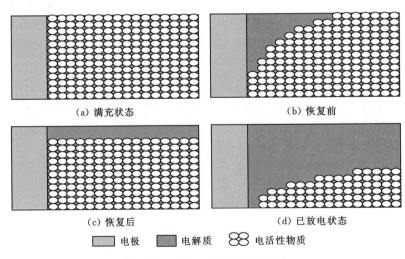

（a）满充状态 （b）恢复前

（c）恢复后 （d）已放电状态

🔲 电极　■ 电解质　88 电活性物质

图3.26　对称电化学电池的行为

负载电流越大，浓度梯度越大，因此，距离电极表面越近，活性物质的浓度越低。当该浓度低于特定阈值时，电压中断。但未使用的电荷不会实质性丢失，而只是由于反映和扩散率之间的延迟导致在电极表面上无效。有效地降低放电率，可降低这种滞后效应，以及电极附近区域的浓度梯度。恢复后［图3.26（c）］，可以达到大电流放电，直到活性物质耗光，如图 3.26（d）所示。有关电池的更多细节和相关建模，建议参阅有关参考文献（Rao 等，2003）。

对于电荷传输、扩散过程等这种简化论述，吸引了更多对更复杂的电池化学行为的探究，就此，3.5 节对不同化学电池进行了总结。研究电池内部的这种复杂的化学过程，可基于从数据表中提取的简化工程信息，指引我们研究适用于电池建模的更精确的电路模型。镍氢电池或锂离子电池可使用现代化有限单元法，针对温度行为来建模（Gao 等，2002；Renhart 等，2008；Schweighofer 等，2003），而自动测试系统可以用于从简化模型中提取信息（Schweighofer 等，2003），以反映电池行为。关于更多简化要求，也可以从电池制造商数据表中提取数据（Gao 等，2002）。

正如 3.4 节和 3.5 节中参考文献的论述，基于不同的方法，有下列几种可行的电池模型：

（1）物理模型。

（2）经验模型。

（3）抽象模型。

（4）混合模型。

通常，微观层次模型对于电池设计者来说是非常重要的，而宏观层次模型对电池管理系统设计者或电池使用者来说非常实用。用户级模型应捕获到电池行为的总体特征就足够了。

物理模型又称电化学模型（Rao 等，2003），非常精准，但需要考虑与充、放电特性有关的电化学过程、热力学过程、物理过程。由于计算代价昂贵，因此在电池管理系统工程中的实际应用是有限的。

经验模型易于配置，可通过使用少量参数数学表达式来表示。但无法针对变动负载条件下电池的荷电状态、电池健康状态等提供精确的估算。

抽象模型代表的是简化后的等效电路，如 PSPICE 模型或基于随机流程的模型（Chiasserini，Rao，2001）。

混合模型是以高级抽象形式为基础，避免影响电池特性（指引简化解析表达式的推导）的物理法则过于详细（即电化学过程）。有时，混合模型也称为分析模型（Rong，Pedram，2006a）。

Agrawal 等（2010）中提供了充放电铅酸蓄电池经验模型与使用寿命估算示例。该经验模型可以扩展到其他化学电池，且在该工作中，以 Rakhmatov 和 Virdhula 模型（Rakhmatov 等，2003）为基础。这个分析模型对于便携式产品电池管理系统领域非常实用，且允许在精度和计算执行量之间折中。Rong，Pedram（2003）中提供了一种针对荷电状态、电池健康状态估算的快速预测模型，对于锂离子电池，精确性在 5% 左右。

3.6.2 电池建模的应用方法

当前系统中所用电池的主要化学成分是铅酸、镍氢和锂基化学成分。随着动力汽车的快速发展，针对混合动力汽车、插电式混合动力车和普通动力汽车（有时或称电池动力汽车）的应用，研发出了更大容量的电池，并且研发出了适用于便携式装置的电池组，范围在不到 1Ah 至几安时之间。表 3.3 中，以符合荷电状态、电池健康状态估计要求的预期精确度，针对适用于混合动力汽车、普通动力汽车和便携式电子产品的典型电池预期特性进行了总结。

特性/参数	混合动力汽车 （HEV）	电动汽车 （EV）	便携式电子产品 （PE）
最大充放电率/C	±20	±5	±3
速率概况	高频率动态	中等	阶段性恒定
荷电状态估算要求	非常精确	精确	粗略
预测有效功率	是	是	否
电池健康状态估算	需要	需要	不必要
电池	连续	连续或仅充电模式	仅充电模式
预期使用寿命/年	10～15	10～15	<5

来源：Plett，2004a。

在电池管理系统中，研发设计者更倾向于使用电气模拟电池模型，例如 Li 等（2012）所论述的几种模型。针对电池荷电状态、电池健康状态的离线估算，这些模拟电池模型及简化的等效电路得到普遍应用（Chen，Rincon - Mora，2006；Gao 等，2002；Husseni 等，2011；Li 等，2012；Zhang 等，2010）。正如 Li 等（2012）的论述，可以研发一个模拟电池模型，例如图 3.27，其中图 3.27（a）所示的阻抗 Z 结合了剩余电量（RC）区段和串联电阻，如图 3.24 和图 3.25 中的论述。图 3.27（b）体现了动力汽车类用途 6.8Ah Ultralife UBBL 10 锂离子电池组类电池的动态反映。图 3.24 和图 3.25 所示串联电阻表示瞬时骤降响应，而剩余电量区段表示持续较长时间的瞬态响应。更多详细论述，请参阅有关参考文献（Li 等，2012）。

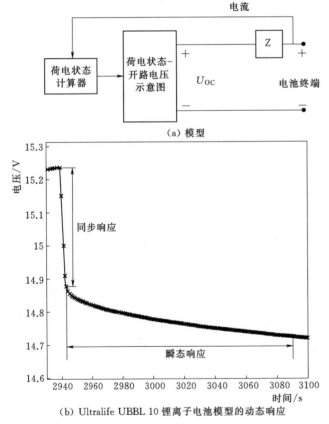

（a）模型

（b）Ultralife UBBL 10 锂离子电池模型的动态响应

图 3.27   模拟电池模型在电动汽车电池组研发中的应用
来源：Li 等，2012。

3.6.2.1 电池等效电路和实际参数值估算方法

电池等效电路是很实用的电池组行为建模装置，可用于预测其短期行为，以及放电率、温度变化和使用寿命循环预测方面的长期性能，和脉冲放电性能。有许多不同的模型可供选用，适用范围从带有内部电阻的简单电压源，到电荷状态、温度、压力、折旧率及电池组等许多其他方面效应的等效电路建模。

为了预测电池的短期性能，可使用如图 3.28（a）所示的简化的等效电路。在恒定电荷状态/放电和温度条件下，该模型的有效时间度量范围在几毫秒到几秒钟之间。

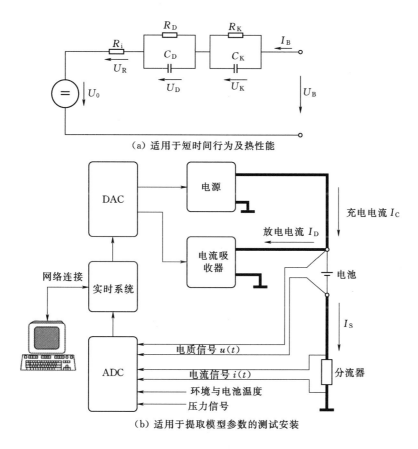

（a）适用于短时间行为及热性能

（b）适用于提取模型参数的测试安装

图 3.28　电池等效电路模型和参数提取
来源：Schweighofer 等，2003（美国 IEEE 许可引用）。

在图 3.28（a）中，U_B 和 I_B 表示终端电压和电流；U_o 表示开路电压；R_i 表示内部电阻固定不变的部件（连接器、电极、电解质）；R_D 和 C_D 表示电极表面上产生的效应（双电层电容效应）；R_k 和 C_k 反映电解质的扩散过程产生的效应。

为应对较长的预测时间，或不同温度情况，必须按照电池内部的变化来调整部件数值（Bernardi，Carpenter，1995；Gu 等，1995；Landfords 等，1995）。Schweighofer 等（2003）讨论了可用于提取图 3.20（a）所示等效电路模型参数的测试安装细节。图 3.20（b）体现了这种测试安装的一些细节。表 3.4 给出了与电流容量为 270A 的 9Ah 镍氢电池相关的部件数值。在给定的时间常量条件下，即：电极表面效应（R_D 和 C_D）和扩散过程时间常量（R_k 和 C_k），应能够预测出符合数据表所列实验数据的电池行为。有关细节，建议参阅有关参考文献（Schweighofer 等，2003）。

表 3.4　典型 9Ah 镍氢电池的模型参数

电池芯内部电阻部件/mΩ		电 容 量	
R_i	1		
R_D	0.35	C_D	171F
R_k	1.6	C_k	16000F

改编自：Schweighofer 等，2003。

如果采用高度简化的模型，电池数据表中可用的公共信息就可以用于实现如图 3.29 所示的模型目标（Gao 等，2002）。在这种情况下，以不同放电率为基础测得的倍数或小数电容率的电池电压曲线，可通过使用简化的图表和计算方法而被采用。这种以三个部件构成的模型是基于：①开路电压（平衡电位）E；②内部电阻 R_{int} 包含两个部件 R_1 和 R_2；③具备多孔电极电荷双层瞬态响应特点的有效电容量。

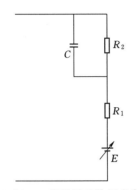

图 3.29　一种适用于数据表参数提取的锂离子电池的简化等效电路模型

有关该过程的详细论述，请参阅有关参考文献（Gao 等，2002）。有关适用于便携式系统的电池组设计，通过电池模型对运行时间和电压-电流（U-I）性能 Cadence 型同步性的精确预测具有实用意义。Chen 和 Rincon - Mora（2006）以工程师的视角论述了适用于该用途的更多相关细节和各种等效电路。

一组符合图 3.30 中 Chen 和 Rincon - Mora（2006）的提出的观点的 Cadence 型仿真电池模型。共使用了两组参数，如图 3.30（a）给出的源自基于运行状态的模型中的电容器控制型和受控电流控制型电流源。根据 Thevenin 模型制造的如图 3.30（b）所示的以 RC 网络为基础的模型，模拟了瞬态响应（Chen，Rincon - Mora，2006）。

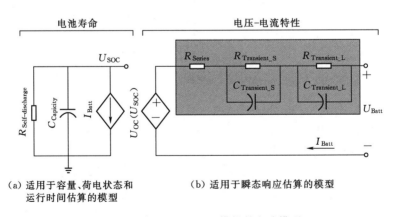

（a）适用于容量、荷电状态和运行时间估算的模型　　　（b）适用于瞬态响应估算的模型

图 3.30　适用于 Cadence 模拟的电池模型

来源：Chen，Rincon - Mora，2006（美国 IEEE 许可引用）。

电池内部的另一个重要条件是电池内部温度和电池组所处环境温度。利用有限元模型（FEM），可以分析和预测出，将有限元模型软件与电池热模型相结合的电池组或电池的热行为（Renhart 等，2008）。

关于待机电力系统要求，例如不间断电源和通信电源，使用的是阀控式铅酸电池，预备使用寿命的估算是非常有用的。在这种情况下，储备使用寿命估算是基于对电池组的电池健康状态测试实现的。若要估算这种情况下的电池健康状态，可以采用下列参数和测量方法：

（1）浮动电压和浮动电流测量。

（2）电池组中电池芯的温度上升。

（3）充放电循环数。

（4）阻抗、电导和电阻的测量。

（5）电压徒降复升（Coup de fouet）技术。

虽然方法（1）～（4）简单易懂，但有必要对电压徒降复升技术进行简要论述。通常，阀控式铅酸蓄电池放电开始时，是由两个瞬变电压响应来支配的：与电池内部串联电阻和电感有关的响应；及，电池内部采用的称为电压骤降复升的电化学反应带来的更加复杂的现象。如图 3.31 示例中的 2H1275 型电池（Pascoe，Anbuky，2002，2005），电压徒降复升铅酸蓄电池区域覆盖所有满电电池放电的时候，其中，终端电压骤降至最低，形成低谷，然后在相对短时间内恢复至较高值。关于该主题的详细论述，请参阅有关参考文献（Pascoe，Anbuky，2002），而 Pascoe 和 Anbuky（2005）中还提供了关于上述参与或电池行为（1）～（5）如何用于估算铅酸蓄电池组预备使用寿命或剩余使用寿命的方法概述。

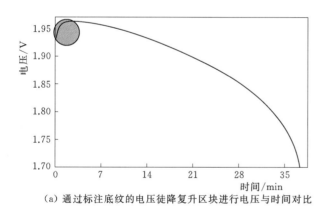

（a）通过标注底纹的电压徒降复升区块进行电压与时间对比

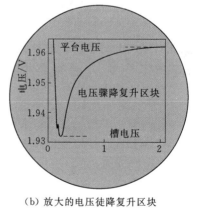

（b）放大的电压徒降复升区块

图 3.31　电压骤降现象发生在阀控式铅酸蓄电池内部（以充满电的 Hawker 2H1275 电池为例）

来源：Pascoe，Anbuky，2002。

3.6.2.2　在线参数估算与技术

随着电动汽车和便携式产品等电池供电系统的陆续上市，在许多情况下，电池管理系统设计者们希望能够在电池组向电子或电力系统供电的同时，实现对荷电状态、电池健康状态的动态估算。在这些情况下，应在线估算出荷电状态和电池健康状态等参数，同时，考虑应用几项数学密集型技术来实现这一目标。几种记载完善的技术包括：基于卡尔曼滤波器（KF）的技术、基于神经网络（NN）、基于马尔科夫链（Markov Chain）和基于模糊逻辑（FL）。

在所有技术中，以电化学模型或等效电路模型为基础的电池组建模，与密集型数学方法联合使用。随着高功率、高放电能力电池组在不同类型电动汽车中的应用（随时向驾驶员报告电池组的荷电状态、电池健康状态以及其他重要参数），对于在线参数估算，上述繁杂的数学方法被视为可能有效的解决办法。

1. 基于卡尔曼滤波器的方法

卡尔曼滤波器是估算动态系统随着时间而改变"状态"当前数值的智能（有时最优）方法。卡尔曼滤波器的另外一个好处是，它还能针对这些估算结果自动提供动态估算误差界，这一实际条件应用于电池组的在线性能评估，同时，无需担忧会造成过充或过放电损害。通过电池系统建模，在由三部分组成的论文（Plett，2004a，b，c）中，将所需未知数量纳入其状态描述，详细叙述了利用尔曼滤波器对其数值的估算。Plett（2004a）给出了一个简短的教程，用于协助将卡尔曼滤波器应用于电池管理系统中，以监视电池参数的非线性性质。论文（Plett，2004b）的第二部分介绍了一些本方法可能用到的数学电池模型。此外，还概述了文献中记载的其他建模方法，并说明了在给定电池输入-输出数据条件下，扩展卡尔曼滤波器（EKF）是如何用于电池模型内部，进行实时自适应式确定未知参数的。该论文的第三部分（Plett，2004c）涵盖了参数估算问题；即：如何将扩展卡尔曼滤波器与电池模型结合使用，对电荷状态、功率衰减、容量衰减等问题进行动态估算。电池模型可以是固定的，或者自带自适应性参数，使得模型能够用于追踪模拟电池老化效应。

图 3.32 是算法函数的方块式简图，混合动力汽车电池管理系统执行着许多任务，包括与车辆控制器进行通讯、测量电池芯的有关物理量（如：电池电压、电流和温度），以及管理电池的电荷平衡。在此，以环境和车辆要求为目的，因此我们只对算法问题感兴趣。就图 3.32 而言，根据常规电池终端电压 U_k、温度 T_k 和电池电流 I_k 等样本采集，算法中应当进行如下过程：

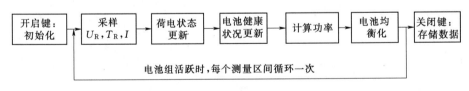

图 3.32 混合动力汽车电池管理系统采用的算法
来源：Plett，2004a。

（1）初始化。车辆启动后，必须初始化算法。电池休息时段的支配动力学仅仅是"自放电"。如果自放电水平太高，电池健康状态应标记为警告或故障条件。

（2）荷电状态更新。每次到达管理区间，都将测出电压、温度和模块电流。电池、电池组的荷电状态估算结果必须基于这些测量结果进行更新。

（3）电池健康状态更新。电池容量和其他参数随着电池组使用寿命的折旧而变化。必须对这些参数进行不断估算，以保持安全性，并获得电池组的最高性能。

（4）最大有效功率。基于荷电状态估算结果及其不确定性，以及动态电池芯模型，电池管理系统必须能够随时估算出在不破坏电压、荷电状态或其他设计限制前提下的当前最大充放电功率。

（5）均等化。容量不对等电池的串联电池组（所有都是）将变得不平衡。也就是说，即使所有电池的荷电状态以相同数值开始，也将随着系统的运行缓慢区别化。电池管理系统必须能够确定哪些电池的电荷水平必须经过调整，以保持电池组的平衡性。

在算法要求中，有许多项只描述了电池组的规定估算参数，而这些参数是无法直接测得的。众所周知，对于这种情况，卡尔曼滤波提供了一个简练而强大的解决方案。卡尔曼滤波是一种成熟的动态系统状态评估技术，广泛应用于许多领域，包括：目标跟踪、全球定位、动态系统控制、导航和通信，但在电池管理系统领域，直到过去十年间的工作中才得到广泛认知。尔曼滤波器包含一组随着系统运行经过多次评估的递归方程。如需进一步详细推导以及此处引用的由三部分组成的论文（Plett，2004a，b，c），须参阅卡尔曼的原本论文和参考书目中列出的几本教科书。

2. 基于神经网络的技术

神经网络开发的灵感来自对中枢神经系统检查。在人工神经网络（ANN）中，简单的处理节点（称为"神经元""神经节点""处理元件"或"单元"）连接在一起，形成一个模仿生物神经网络的网络。神经网络频繁应用于通过示例研究进行模式分类。模式统计是由一组训练样本确定的，然后基于这些统计数据对新模式分类。在称为概率神经网络（PNN）的变化中，启发式方法往往用于发现潜在的类统计。这需要针对训练花费很长的计算时间。增量适应方法容易将误差函数趋同于局部极小点。概率神经网络（PNN）的网络结构类似于反向传播，但其中激活函数由其中一类函数取代，比如说指数函数。训练概率神经网络只需一个过程。它基于贝叶斯决策边界，伴随训练样本增长。概率神经网络训练后，所有训练样本都存储起来，然后用于新模式分类。概率神经网络的计算时间要比反向传播类型快得多。概率神经网络可以比较容易的编程到处理器或芯片中，在并行硬件使用过程中实现更高的速度。关于该网络如何应用于电池荷电状态、电池健康状态评估的论述，请参阅有关参考文献（Lin 等，2013；Shen 等，2005；Shahriari，Farrokhi，2013）。

3. 马尔柯夫链和基于模糊逻辑的方法

最近，研究员协会尝试将马尔柯夫链和基于模糊逻辑的方法应用于电池管理系统。Micea 等（2011）、Moura 等（2013）、Gholizadeh 和 Salmasi（2014）、Lin 等（2012）以及 Hsieh 等（2001）提供了几点对于这些方法的深入观点。

3.7 电池健康管理预测

预测的目的是估算出发现异常条件时的剩余部件使用寿命。有效预测的关键不仅在于准确的剩余使用寿命估算，还包括对不确定性估算结果的可靠性评估。"电池健康监测"这一术语含义广泛，包含从估算近似电压和其他参数，到全自动化在线监测各种测量结果与估算的电池参数。电池健康状态估测对动力汽车、航空航天和空间探索等用途至关重要。例如，美国国家航空和宇宙航行局（NASA）火星全球探勘者号发生的灾难性电池故障，导致 2006 年 11 月的停止运行。据后续报道透露，当航天器奉命进入安全模式，电池的散热器定位于朝向太阳，导致电池系统温度问题（Goebel 等，2008）。

电动汽车与混合动力汽车的电池预测和健康管理（PHM）这一话题日益升温（Gao 等，2002；Goebel 等，2008）。电池预测和健康管理模型应用复杂的推理方案，以估算荷电状态、电池健康状态和使用寿命状态为目标。但他还留下了一个在预测电池组终止使用寿命（EOL）的艰巨任务（Goebel 等，2008）。在电池荷电状态、电池健康状态、使用寿命状态等估算中，由于电池阻抗参数因电池组的不同而差异巨大，因此对该变化的监测意义重大。

3.7.1　电池阻抗及其时间变化评估作为预后参数

电池的阻抗是随电池老化而变化的关键参数之一。由于电池内的各种电化学原因，随着电池老化，阻抗通常会持续增大。图 3.33 体现了镍氢电池和锂离子电池内的这种情况。图 3.33（a）是正常使用与不当使用镍氢电池的直流电阻变化简图。图 3.33（b）是对

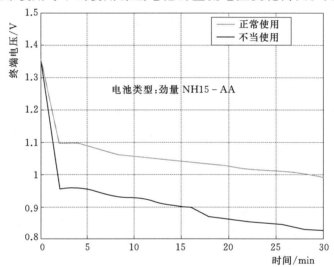

（a）正常使用的镍氢电池与不当使用的电池的直流阻抗对比

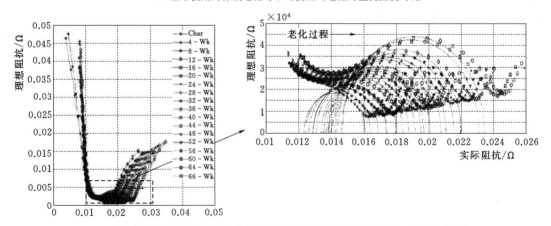

（b）18650 型锂离子电池电化学阻抗谱（EIS）数据的折旧变化（Goebel 等，2008）

图 3.33（一）　电池老化与不当使用导致的阻抗变化

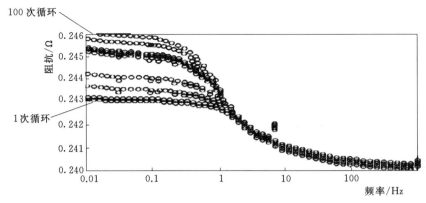

（c）使用寿命循环处于不同频率的锂离子电池的典型变化（Karfthoefer，2005）

图 3.33（二） 电池老化与不当使用导致的阻抗变化

PHMexercise 中 18650 型锂离子电池阻抗的测量（Goebel 等，2008）；图 3.33（c）是不同放电循环次数之后，锂离子电池阻抗变化与频率参照图（Karfthoefer，2005）。图 3.33（c）清楚地表明：在低于 10Hz 的低频率上，随着放电循环次数的增加，阻抗逐渐增大。气体测量中（后文提供论述），有几个监测该行为的新电池管理 IC（Karfthoefer，2005）。

在大型待机通信电池组或不间断电源装置中，使用了大量串联和并联阀控式铅酸蓄电池（密封铅酸蓄电池），且从长远看，任何单个或多个行为故障电池均可导致代价昂贵的更换问题。在这些大型昂贵电池组情况下，以电池阻抗测试作为预后技术。通过自动或手动测量个别电池在电池组整个使用寿命中的电压，测试工程师能够轻松地预测个别电池的潜在故障。在这些情况下，典型阀控式铅酸蓄电池行为通常符合图 3.34 所示（Langnan，2000）。

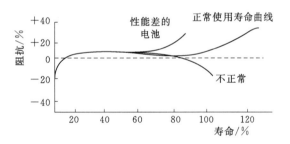

图 3.34 阀控式铅酸蓄电池在整个使用
寿命中的阻抗行为
改编自：Langnan，2000。

有关阻抗变化和终端电压的详细论述，请参阅有关参考文献（Langnan，2000）。

3.7.2 最佳运行时间能源意识电池建模的概念

随着计算可行性电池数学模型技术已经成熟可用，进一步产生了"能量感知系统设计"这一当前正在研究中的另一个新概念，目标在于充分利用连接至指定电子系统的多电池或多电池电池组。在给定的电池内部化学结构和过程的条件下，如图 3.26 所示，如果电池组能够包含多个电池，其中每个电池都能连接至根据电池组内总能量最佳利用模型选择的负载，则便携式产品的运行时间就能得到显著提高（Rao 等，2003）。这点特别适用于互补的金属氧化物半导体逻辑系统，其 FET 电源电压 U_{DD} 和阈值电压 U_{th} 是最佳功耗的关键变量。

如果这些参数可在电池效率模型上进行优化，则当最佳充电过程完成后，在电池组只有有限能量的条件下，一个交错的电源系统（具备多个电池，有选择性地供给负载条件）可以供应最佳运行时间。这一概念如图 3.35 所示，两个电池可以有选择性地连接到一个合适的直流转换器（DC‐DC），供应超大规模集成电路（VLSI）。

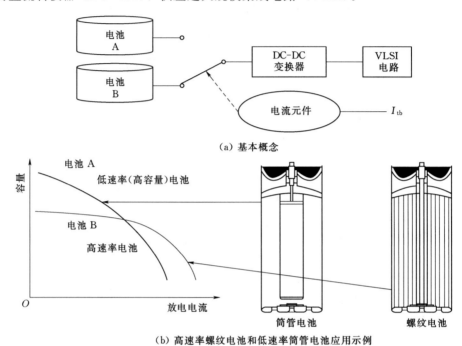

(a) 基本概念

(b) 高速率螺纹电池和低速率筒管电池应用示例

图 3.35 可达到最佳运行时间而配备两个电池开关方案的交错式电源系统
来源：Rao 等，2003（美国 IEEE 许可引用）。

在该示例中，图 3.35（b）应用了交错式双电池概念，工作原理较简单。当放电电流小于阈值 I_{th}，系统使用电池 A 作为能量源，反之则使用电池 B。电池 A 是低速率高容量电池，而另一个电池是高速率低容量电池。在基于适当算法的转换过程中，纳入了适当的电池模型，以最优化放电行为（Wu 等，2000）。这种电池供电的电子产品中，动态电源管理也可用于电池使用寿命最优化（Benini 等，2003）。能量的有效传输是电化学电池模型所应用的这些概念的另一个用途（Chiasserini，Rao，2001）。

3.8 电池快速充电

随着电动汽车和便携式产品的激增，充电电池的快速充电已成为研发工作中的重要任务。但在快速充电领域，如果充电器无法进入中断模式，电池组就会发生严重的过充情况，其使用寿命就会折损甚或报废。

虽然所有主要电池系列都可接受标准（16～24h）或快速（2～4h）充电，但本书大多数论述均局限于采取的快速充电方法。较慢速充电方案在实际操作中往往较简单，价格敏感的用途不需要（或不能担负）太复杂的充电器和电池低电量指示功能。电池快速充电的目的是以最短时间尽可能多地充电，直至电池组充满电，但不可损坏电池或对电池的长期性能构成永久性影响。由于电流与电荷除以时间的得数成正比，充电电流应达到电池系统合理允许的电流大小。

镍基化学电池更适合恒定电流型充电，而铅酸和锂电池更适合恒定电压（电流限制）充电。对于恒定电流电池（镍镉和镍氢电池），在充电 1h 内，1C 充电率通常会返回电池有效放电容量的 90%。恒电位（CP）电池（铅酸和锂离子）达到 90% 充电量的速度稍慢，但一般能在 5h 内充满电。关于不同化学电池，具有代表性的常规充电建议，请参阅表 3.5。关于最适当的方式，应以制造商建议为准。

表 3.5   适用于不同电池的具代表性的充电建议

	镍镉或镍氢电池	密封铅酸蓄电池	锂离子电池
充电/C	1	1.5	1
电压/V	1.80	2.5	4.20±0.05
充电时间/h	～3	～3	2.5～5.0
快速充电温度最优化方法	参见表 3.6	电流中断	计时器[a]
备份充电终止方法	参见表 3.6	计时器	—
充电完成率	0.1C	0.002（涓流）	
温度范围/℃	10～40（镍镉）；15～30（镍氢）	0～30	0～40

a 以制造商建议为准。

快速充电的优点广受欢迎，但也对电池系统提出了一定要求。匹配该充电率电池规格适当的快速充电，可达到较长的循环使用寿命。但采取的高充电率可导致电池内的快速电化学反应。电池进入过充状态后，这些反应会导致电池内部压力和温度的急剧上升。不受控高速率过充可快速导致不可逆的电池损坏。因此，当电池即将充满电时，充电电流必须降到较低的"充电完成"水平，或完全缩减。

3.8.1 充电终止方法

如果对电池组实施快速充电，就必须选择可靠的方法在充满电时终止充电。高温终止法和电压终止法是两种用于充电终止的实用方法。

3.8.1.1 电压终止法

最大电压（U_{max}）、负增量电压（$-\Delta U$）、平坡和拐点（d^2U/dt^2）是四种常用的电压终止法。最大电压法可随充电进度监测电池电压的增大。但该精度须以高度个性化为基础。有必要了解电压峰值点的确切值，否则电池可能发生过充或充电不足。

此外，由于电池电压的负温度系数，温度补偿也是必要的。如果电池是冷的，最大电压将增大，从而导致充电电压过早达到最大电压跳变点，继而造成充电不足。如果电池是热的，则无法达到最大电压，电池就会由于过充而损坏。因此，通常不建议为达到快充率而采取最大电压法（U_{max}）。

负增量电压是最受欢迎的快充终止方案。该方法依赖于电池进入过充状态时发生的电池电压特性骤降，如图 3.36 所示。对于大多数镍镉电池，电压降是非常一致的指标，而

−DV 方法对于达到 1C 充电率是一种好方法。

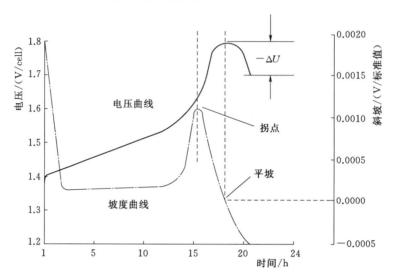

图 3.36　以电压-电压斜率变化为基础的终止方法

　　该方法有一个固有问题，即电池必须达到过充范围之后才能导致电压下降。以超过 1C 的快充率，压力和温度可迅速上升。为达到循环使用目的，电池必须能够承担连续的不当使用。

　　另一个问题是，镍氢等其他类型的电池不会始终处于电压特性下降状态，而镍镉电池却可以，如图 2.10 所示。在从镍镉电池向镍氢电池过渡的过程中，这就带来了进一步的兼容性问题。大多数镍氢电池制造商不提倡 ΔU 充电终止法。

　　平坡法可监测电池压坡达到零值时的坡点。该方法是使快速充电率达到 4C 的可靠方法，且不易被电压感测线上的噪声影响。但镍镉纽扣电池等几种电池的压坡永远不会达到平坡。因此，平坡法更适合作为备份法。

　　采用拐点（d^2U/dt^2）法，系统可监测电压随时间进度的变化，是防止过充的最敏感的指标。拐点法可依赖于压坡的变化，如图 3.36 所示，发生在充电过程中，是用于达到 4C 充电率的有效基本终止方法。

　　压坡变化是非常可靠且可重复的充电指示方法，且不依赖于允许范围外的压降。相反，该方法可监测电池充满电时电压情况的扁平走势。通过监测压坡陡度上的相关变化，该方法可避免使用绝对数字。

3.8.1.2　温度终止法

　　温度是导致可再充电池芯故障的主要因素，因此，对于通过监测电池温度来确定何时中断向电池充电意义重大。通常有以下三种基于温度的充电终止方法：最大温度中断（MTC）、温差（DT）和温度斜坡（dT/dt）。最大温度中断系统的实施是最简单、最经济的，但可靠性也最差。利用双金属热开关或正温度系数热敏电阻器，可通过低成本电路在适当温度下切断充电电流。

　　温差法可测出用于冷环境补充的环境温差和电池芯温度。该方法需要监测两个温度传感器，一个用于感应电池温度，一个用于感应环境温度。如果电池和环境之间的温差很大，则该方法可能不适用。

如果环境温度变化快速，除非环境传感器热质量相等，否则温差法就不可靠了。这表示，如果环境温度变化不频繁，温差法适用于最高达 $C/5$ 的较低充电率下的基本充电终止。此外，温差法还可提供有效的备份充电终止方案。

dT/dt 法是更复杂的温终止方案，可测量温度随时间的变化。该方法利用电池温度斜坡，因此对环境温度的变化，或环境与电池之间的较大温差的依赖性较小。通过准确地调整特定电池组，并仔细观察温度传感器的类型和位置，dT/dt 法可达到很好的效果。该 dT/dt 法适用于充最大达 $1C$ 的充电率，是有效的备份方法。

3.8.2 镍镉和镍氢电池快速充电法

镍镉和镍氢等镍基电池是技术成熟的化学电池。虽然镍镉和镍氢电化学电池或充电方案不可通用，但具备充分的相似性，可放在一起论述。

目前尚无镍镉或镍氢电池的最佳快速充电方法。终端用途允许范围内的成本和尺寸变量、充电终止方法的选用（一种或多种）和特定电池供应商的建议，将影响电池技术的最终选择。

图 3.37（a）体现了镍镉电池以 $1C$ 率充电过程中的电压、温度和压力特性。图 3.37（b）给出了镍氢电池的类似数据。

这些曲线表明，对可靠终止充电循环中大电流部分的需求，以及为了解各种快速充电终止方法所采的措施，如图 3.5 所示。对于两种化学电池，理想的快速充电终止点在 $100\% \sim 110\%$ 返回充电处。充电电流随后 $1 \sim 2h$ 内降至充电完成值，使电池进入轻度过充状态。这将补偿充电过程的不足（即热生成）。

如果特定应用下需将电池保持在待机状态下超过数周时间，或者置于高温下，则在连续低水平"涓流"充电后，达到充电完成，以抵消镍镉和镍氢电池的自放电特性。

在一定条件，尤其是在存储间歇，镍氢电池可在充电开始时传递错误的电压峰值。为此，充电器应

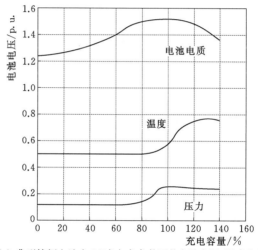

（a）典型镍镉电池在 $1C$ 充电率条件下的电池电压、温度和压力

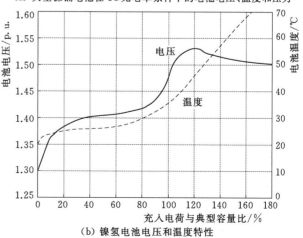

（b）镍氢电池电压和温度特性

图 3.37　镍基电池在 $1C$ 充电率下的充电指示

有计划地在充电间隔时间的前5min内，禁用任何基于电压的充电终止技术。表3.6总结了镍镉和镍氢电池的快速充电终止方法。

表3.6　　　　　镍镉和镍氢电池的快速充电终止方法

充 电 技 术	说　明
负增量 ΔU （$-\Delta U$）	监测电池进入过充状态后反映出的电压的下行斜坡（镍镉：≥30～50mV；镍氢：5～15mV）。由于镍镉电池的简单性和可靠性，在其应用中非常常见
平坡 ΔU	待充电状态下电池电压停止上升时，且过充过程中"曲线顶点"位于下行斜坡之前。对于镍氢电池，由于其相对较小的下行电压斜坡，有时倾向于$-\Delta U$
电压斜坡 （dU/dt）	监测电池电压的上行斜坡（正dU/dt），发生于电池达到100%的返回充电之前（平坡ΔU点之前）
拐点中断 （d^2U/dt^2，IPCO）	当电池即将充满电，其电压上升率即开始趋平。该方法可监测平坡，或者，更常用于监测与时间相关的电池电压二次导数的轻度负值
绝对温度中断 （TCO）	利用电池的外壳温度（由于电池进入高率过充，将处于快速上升状态），来确定何时终止高率长点。一种有效的但极易在环境温度下发生变化的备份方法，可用作可靠的基本中断技术
增量温度中断 （ΔTCO）	利用电池外壳温度的指定上升值（有关于环境温度），确定何时终止高率充电。一种受欢迎的相对经济、可靠的终端方法
增量温度/增量时间 （$\Delta T/\Delta t$）	利用电池外壳温度的上升率，确定终止高率充电的某一点。如果电池及其外壳特性配置适当，则该技术经济、可靠

3.8.3　向密封铅酸蓄电池充电

不同于镍基电池，密封铅酸蓄电池采取的是CP充电方案。CP充电采用的电压源带有电流限制施加计划（电流限制型电压调节器）。一个大量放电后的处于CP充电过程中的电池，将开始使用源自充电器的高强电流。CP方案的限流功能有助于在电池额定范围内保持峰值充电电流。

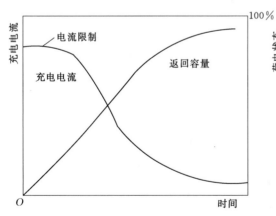

图3.38　密封铅酸蓄电池内典型的返回电流和容量与CP充电时间

在充电曲线上，到达电流受限阶段之后，恒压下的密封铅酸蓄电池将呈现逐渐变小的曲线，正如图3.38所示。当返回电量达到额定容量的110%～115%，可达到100%标称有效放电容量，即充电周期完成。

快速充电中的密封铅酸蓄电池的特性，比镍镉或镍氢单元更依赖于供应商技术。表3.5中的信息数据来自GS电池（美国）公司。"电流中断"作为基本终止方法，可监测流入电池中的平均充电电流的绝对值。

当电流降至低于0.01C，电池即已充满电。如果处于待机状态一个月或以上，应维持0.002C的涓流电流。根据供应商建议，备份终止法，应是一个180min超时暂停的充电周期（Schwartz，1995）。

为满足更严格的电荷控制建议，当需要对电池温度、电压和电流采样时，市场上有许多专用充电控制器 IC。例如，Texas/Benchmarq 的 Bq2031 铅酸蓄电池快速充电 IC 和 Texas/Unitrode 集成电路的 UC3906（密封铅酸蓄电池充电器）。UC3906 电池充电控制器包含所有必要的电路，用于优化控制充电，及保持密封铅酸蓄电池周期。这些集成电路可通过三种单独充电状态，监测、控制充电器的输出电压和电流：强力电流大容量充电状态、受控过充和精度浮充或待机状态。Sacarisen、Parvereshi（1995）和应用注释 U - 104（Unitrode Inc.，n. d.）提供了利用 UC3906 实施密封铅酸蓄电池充电控制的详情。

3.8.4 锂离子充电器

锂离子电池需要恒定电位充电方案，与在铅酸蓄电池中的应用十分相似。在恒流下，由于锂离子电池的电压可持续升至电池破坏点，因此，绝对电压限制是必要的（Bentley、Heacock，1996）。对锂离子快速充电的常规建议，请参见表 3.7。如同铅酸蓄电池，在锂离子电池充电过程中，当即将充满电时，将降低电流消耗。图 3.39 表明了这种情况，但如果充电器对输出电压的调节性较差，且输出电压较低，则容量将降低，如图 3.39（b）所示。两个电流曲线之间的区域表示电荷损失。

表 3.7　　　　　　　　　　　不同化学电池的再充要求对比

参　　数	密封铅酸蓄电池	镍镉电池	镍氢电池	锂离子电池
标充				
电流（C 倍率）	0.25	0.1	0.1	0.1
电压/（V/cell）	2.27	1.5	1.5	4.1（±50mV）
时间/h	24	16	16	16
温度范围/℃	0～45	5～54	5～54	5～54
终止	无	无	定时器	无
快充				
电流（C 倍率）	1.5	1	1	1
电压/（V/cell）	2.45	1.5	1.5	4.1（±50mV）
时间/h	1.5	3	3	2.5
温度范围/℃	0～30	15～40	15～40	10～40
首次终止方法	$I_{min}^{①}$，ΔTCO	dT/dt，$-\Delta U$	$-\Delta U$，d^2U/dt^2，ΔTCO	I_{min}＋计时器，dT/dt
二次终止方法	计时器，ΔTCO	TCO，计时器	TCO，计时器	TCO，计时器

① 最小电流终止阈值。

改编自：Israelsohn，2001。

如果按照电池供应商对充电电压的建议（通常 4.20V±50mV，23℃），电池能够在 5h 内从任何"正常"放电水平充满电。终止时，充电电压应消除。不推荐涓流电流。如果锂离子电池的电压降至低于 1.0V（或非正常水平），则不应尝试给该电池充电。如果电压在 1.0V 至制造商标称最低电压之间（通常 2.5～2.7V），则有可能通过在 0.1C 电流限制下充电挽回电池，直至电池内的电压达到标称最小值，然后再快速充电。

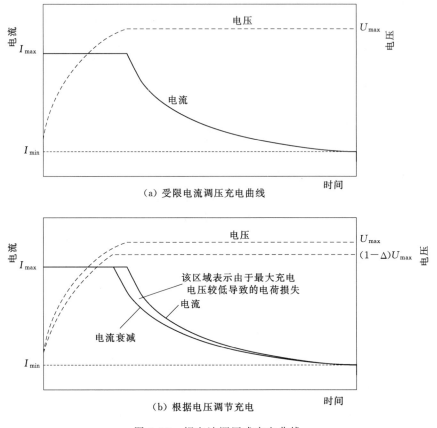

（a）受限电流调压充电曲线

（b）根据电压调节充电

图 3.39　锂电池调压式充电曲线
改编自：Bentley，Heacock，1996。

由于锂离子电池的特殊特性，大多数锂离子电池制造商将定制保护电路纳入其电池组，以监测电池内每个电池的电压，以防过充、电池逆转和其他主要故障。这些电路不应与充电电路混淆。例如，MC 33347 保护电路就属于这种 Motorola IC（Alberkrack，1996）。

3.8.5　便携式充电器和不同化学电池再充要求的对比

目前，由于有充电控制器、保护器和其他电池管理 IC，设计者们可以找到许多商用IC，和辅助参考设计（Israelsohn，2001）。选择最佳化学电池，通常需要仔细对比电池属性和电源规格要求。根据上述总结，有四种常见化学电池需要不同的再充算法，并在放电周期完成后呈不同的指示。表 3.7 提供了汇总信息（改编自 Israelsohn，2001）。

大多数二次电池容许长时间涓流充电。因此，最简单的策略是利用简单的线性管理器IC，或脉冲宽度调制器 IC 结合串联晶体管，及电流感测电阻器。许多供应商提供此类电路，且所配备的辅助功能范围适用于向单个电池或镍化学电池组充电（Israelsohn，2001）。有时，这些电路也使用仅能根据电池荷电状态调节充电行为的自适应方法。这种充电器可从测试电池深度放电开始，通过对比电池的终端电压和阈值来确定。如果对电池实施深放电，充电器将进入预充电模式，将电流大小限制在电阻器内编入的最大充电电流 I_{PGM} 的小于 1 的 K 值。图 3.40 体现了充电算法的具有代表性的几种选择。图 3.40（a）

是一种恒流/恒压充电算法；图 3.40（b）是电流折返模式。

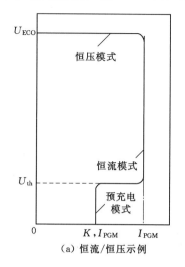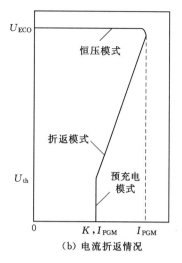

图 3.40　充电器电压-电流算法

来源：Israelsohn，2001。

3.8.6　放电终止（EOD）点的测定

对电池已释放所有有效电能的终止点的测定，对于该电池的使用寿命非常重要。单个电池放电过度，往往会导致不可逆的电池内部物理损伤。

如果是多个电池串联，不可避免的容量失衡将导致称为"电池逆行"的现象，则较高容量的电池将迫使电流通过最低容量电池逆流。了解放电终止点可为库仑法气体测量提供"零容量"参考。

放电终止点的实际测定，一般通过监测电池电压来实现。负载变化过程中，为达到最准确的放电终止点测定，应当利用负载电流的校正因子和电池的荷电状态，尤其是对密封铅酸蓄电池和锂离子电池。镍镉电池和镍氢电池的实质趋平放电走势，使这些校正因子成为使用者判别最大负载走势的重要依据。表 3.8 说明了用于表明四种电池放电终止点的常用电压。

表 3.8　　　　　　　　　　　　　典 型 放 电 终 止 电 压

电池类型	放电终止电压/V	备　　注
铅酸	1.35~1.9（通常 1.8）	取决于加载、荷电状态、电池结构合制造商
镍镉	0.9	基本恒定
镍氢	0.9	在推荐放电率范围内基本恒定
锂离子	2.50~2.70	取决于制造商、加载和荷电状态

3.8.7　气体测量

本书论述的"气体测量或燃料测量"概念，不包括电池反应后生成的气体，而是指将电池用作燃料存储器向产品供应的概念。因此，气体测量涉及实时电池荷电状态的测定，有关于满充电池的标称容量。

如果使用的电池存在斜坡电压曲线，则可以通过简单电压读数，利用经济适用的荷电状态测量。因此，对这类方法，应当使用锂离子电池和密封铅酸蓄电池（使用范围较小）。在实践中，结果并非最优化：电池电压取决于加载、内阻、电池温度和其他变量。这就能降低了气体测量中简单电压方法的采纳率；由于其实质上会趋平电压走势，不适合商用，因此不适用于镍镉或镍氢电池。"库仑"法（或关于库仑计算的简单论述）是一种巧妙而有效的选择。

库仑气体测量，正如其名称释义，用于测量流入与流出电池的实际电荷（$\int idt$）。通过结合输入电流与输出电流的差值，可以在任何指定时间确定电池的荷电状态。当然，现实环境中，在实施这类气体测量时，有许多必须注意到的细节，包括如下几个最重要的细节：

（1）积分器必须具备准确的起点，对应于电池中已知的荷电状态。这往往是在电池达到放电终止电压时，通过积分器归零得到解决。

（2）温度补偿。铅酸蓄电池的实际容量随温度上升而增大，镍基电池的实际容量随电池温度上升而降低。

（3）应当对特定电荷方案和放电走势应用适当的转换因子。在高可变性电池加载条件下，以动态补偿为宜。

3.8.8 以实用视角论述电池健康状态

荷电状态是一个被广泛应用的概念，表示充放电周期内电池的剩余电量。但由于循环老化现象，满充电量（FCC）可能明显低于设计容量（DC）规定的新电池满充容量，因此单独借助电荷状态可能导致较大的失误。

如果考虑老化效应，可将电池健康状态定义为循环老化的满充电量相对于设计容量的差异。电池的分析建模可用于获取理论上的荷电状态和电池健康状态精确值（Rong, Pedram, 2006b）。如果将电池健康状态定义为，电池的实际容量与其额定容量的关系，则可通过以下三个步骤测定并维护电池健康状态：

（1）将电池放电至放电终止点，最好放电至已知负载。

（2）对电池进行气体测量时，完整执行充电循环。

（3）对比实际测得的电池电量与额定容量。

该顺序将同步"调节"电池（即：克服镍镉电池容量所谓的"记忆效应"），并指示调节后电池的容量。所得信息可用于确定电池情况是否良好，或趋近于其使用寿命终点。关于通过监测系统进行在线电荷状态评估的论述，请参阅有关参考文献（Kutluay 等，2005）。

3.9 电池通信及其相关标准

在 20 世纪 90 年代早期，电源和电池管理技术还很少用在移动产品上。90 年代中期左右，随着越来越高级的处理器被生产出来，高能量消耗及其所需的几十安培的高负载电流，引起了放点电流的飞速增大，给当时已存可充电池使用的化学物造成了很大负担。为了满足客户期待的运行时间，创新电源管理概念适时引入。因为这个原因，大约 90 年代中期，提出包括移动设备在内新的工业标准以标准化电池和电源管理子系统，如英特尔提出的高级配置电源界面概念。下列为提出的标准：

（1）系统管理总线（SMBus）规范。

（2）智能电池数据规范。

（3）智能电池充电器规范。

（4）智能电池选择器规范。

以上规范组成智能电池系统（SBS）规范。智能电池系统规范提供了很多移动设备的相关问题解决方案，如笔记本电脑系统、移动电话和数码相机。智能电池系统的基本概念是，电池包含所有可决定电池荷电状态、预测充满耗尽时间的组件，包括确定充电电压电流并决定电池的电量充满放尽时间点。

智能电池系统的概念由图 3.41（a）介绍。图 3.41（b）介绍相关细节。该系统包含

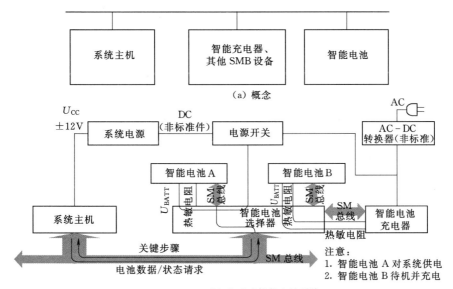

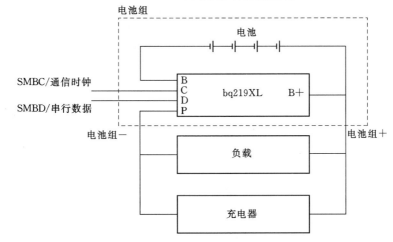

图 3.41 智能电池系统和 SMBus 模型

一个 AC - DC 转换器（非标准件）、电源开关、系统电源、智能电池充电器和智能电池选择器，所有元件同系统主机通信，且系统元件本身通过系统管理总线进行沟通通信。在这种情况下，当智能电池 A 为系统供电时，智能电池 B 进入条件状态和/或进行充电。

系统管理总线（SMBus）是一种通过简单电源相关芯片来与系统其他部分通信的双线制交互界面。使用 I^2C 作为它的主干网（Phillips Semiconductors，2003）。系统使用 SMB 在设备间传递接收数据以取代原有的独立控制线路。去掉原有的独立控制线路可减少引线数量。接收信息以保证未来的扩展性。通过 SMBus，可读出一个设备的生产信息，系统可识别它的型号/零件号，可保存该设备对待处理事件的状态，汇报不同种类的错误，接收控制参数和复原设备状态。SMBus 可共享主机设备和物理总线，为设备间分别建立适宜的电子通路。更多细节、文章，建议参阅有关参考文献（Benchmarq Microelectronics Inc. 等，1996 a，b；Heacock，1998）。

3.10 电池安全性

过去十年中，随着锂离子电池的引入，以及电池的高比重能量密度，依据电池供电的移动便携产品的安全性问题开始进入了人们的视野。在 21 世纪初期，笔记本电脑起火问题引起了公众的恐慌和大面积锂离子电池召回。到 2013 年，因电池组问题，一些如波音公司的梦幻飞机（Dream - liner）被停飞。由于这些事件的发生，一些专业公司做了大量的工作来确保类似灾难不再发生，整个工业组织也联合在一起统一制定电池标准。截至 2004 年，IEEE（电气与电子工程师协会）颁布了两套与便携系统相关的设计和制造标：针对笔记本电脑可充电电池的 IEEE 1625 标准，和相关的针对移动电话可充电电池的 IEEE 1725 标准。

以上标准包含设计方法要求，以保证操作的可靠性最小化移动电脑设备其他由充电电池供电的系统的可造成伤害的错误发生率。此标准通过系统集合、电池、电池组、主机元件和全系统可靠性五个方面来指导系统和次级系统的设计。

同时此规范标准对所有的关键操作参数和这些参数如何根据时间和环境变化都做了相应要求，以及温度的极端效应和部件失效管理的相应标准。图 3.42 为在一定外部环境下，移动计算设备拆解成子系统的例子。

一般情况下，移动设备的电池组包含一个监测电池状态的模拟前端（AFE），对电池组提供一级保护。电池管理单元 BMU［与图 3.42（c）中的例子相似］一般与电池组通信以通过 SMBus 监测并与主机系统通信。执行标准 1625 中谈及图 3.42（b）时，提出将二级保护移至模拟前端，与 BMU 直接通信（Elder，2004）。全行业方法学，可以对故障和有毒物的根源进行强调排序的设计失效模式和影响分析（DFMEA），都在执行标准 IEEE 1625 要求的条件下进行，符合 1625 执行标准要求以获得其所列内容的有利方面。图 3.42（c）为符合 SBS1.1 的 4 系列锂离子电池的电池组方块图（Bernardi，Carpenter，1995）。这个架构上的改变帮助澄清了设计失效模式和影响分析法。与较老的架构相比，在新架构中［图 3.42（b）］，BMU 和模拟前端在监测电池组的时候同时互相监测。理论上来讲，这使得二级保护与一级保护综合成为一体共同保护系统。

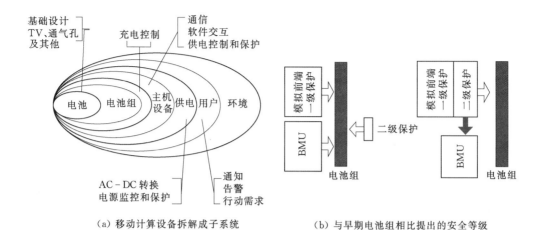

（a）移动计算设备拆解成子系统　　　　　（b）与早期电池组相比提出的安全等级

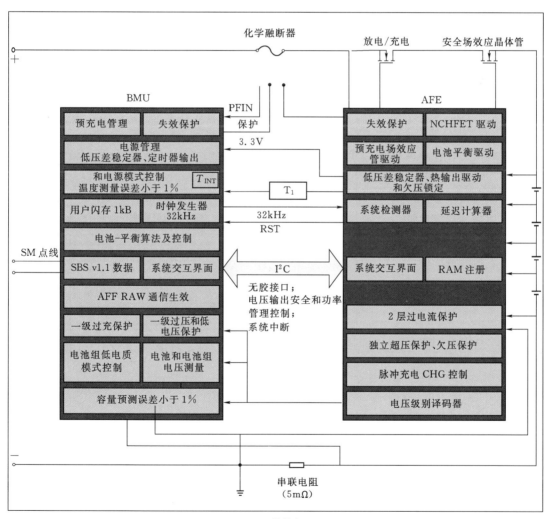

（c）IEEE 1625 的执行

图 3.42　符合执行标准 IEEE 1625 的移动计算设备

如图 3.42（c）所示，BMU（电池管理单元）的新架构包括：一个模拟前端综合电路、电流监测电阻、安全场晶体管（FET）和一根化学保险丝。电池管理单元可为具备测量能力并带有可编程闪存的 3.3V 微控制器。模拟前端对电池组提供一个高压界面以进行电压测量，同时进行的还有电池平衡控制，越过电流保护，和一个低信号丢失稳压器对电池管理单元供电。基于可能出现的问题级别，对于独立原件来说，电池管理单元和模拟前端相互作用设计失效模式及影响分析表可按照类似表 3.9 的方式准备，并按照下列标准对每一元件进行评估和评分：①失效的严重程度（SEV）；②发生概率（OCC）；③检测难度。

表 3.9 离散组件的 DFMEA 表示例

问题	问题级别	瑞士电工协会标准（SEV）	现象	开路特性	保护特点	DET	APN
BMU 到 AFE I^{2}C 锁定	安全性低	6	BMU 电压测量，RAM 检验和 AFE 控制失效	2	BMU 会探测并计量 I^{2}C 失效和选择性断路。失效计数器在正常操作条件下需要周期性归零	1	12
AFE 到 BMU VCC＜VCC(MIN) AFE RST 输出被锁定	恶劣的客户体验	4	BMU 被停滞重启	1	BMU 不再运行，所以 WDI 输入将终止，AFE 会关闭 FETs 并选择性断路	1	4
AFE RST 输出低锁存	恶劣的客户体验	5	在 POR 上或在 AFE 检测失效时 BMU 永远不会重启	2	BMU 不会因检测失效重启，但是检测器仍然会关闭场效应管并选择性断路	5	50
AFE TOUT 输出高锁存	低客户体验	1	对热敏电阻永远持续供电	1	模拟前端消耗额外电流，没有安全问题	7	7
AFE TOUT 输出高锁存	严重安全问题	9	对热敏电阻永远不供电	1	BMU 将测量超出范围温度，这将导致断路。所有电流电压保护仍然有效	1	9
BMU 到 AFE CLK＜CLK(min)	恶劣的客户体验	5	AFE 无法正确运行	1	AFE 检测器会暂停，引起 BMU 重启，场效应管关闭，并选择性断路	2	10
BMU CELL 传感锁存高	适度安全	7	BMU 电压显示为 0V	2	一级电压保护失效，但二级过压是一个完全独立的电路；所以，完全可操作。所有电流电压保护全部有效。补充测量检验可允许 BMU 进行断路操作	2	28
BMU CELL 传感锁存低	恶劣的客户体验	5	BMU 电压显示爆表（高）	2	BMU 读出所有电池在过压下的数据；所以，电池组不能被充电，但是可以放电。电流和温度保护仍然有效运行。补充测量检验可允许 BMU 进行断路操作	2	20

问 题	问题级别	瑞士电工协会标准（SEV）	现 象	开路特性	保 护 特 点	DET	APN
AFE XALERT 锁存高	没有问题	1	XALERT 永远无法激活	2	BMU 调到 STATUS 状态以升级并检测 XALERT，所以没有问题	2	4
AFE XALERT 锁存低	低客户体验	2	XALERT 永远处在激活状态	2	BMU 会一直检查工作状态并复原 XALERT，所以会消耗更多能量。所有保护功能工作正常	2	8

来源：Elder，2004；并从 Power Electronics Technology 杂志获得允许重新编辑。

　　一般来讲，评估和评分基于经验和可靠的统计数据。然而，有时这些数据不是随时都能获得，这时可参阅执行标准 1626 的指导。更多细节，请参阅有关参考文献（Elder，2004）。

　　未来随着消费电子产品、电动汽车和便携产品市场的不断增长，更新的电池技术会走进市场。最新的电池市场研究报告显示一种高压锂离子化学物电池，具备更好的阴阳极材料，具有更高的重量能力密度的电池会走进市场。进一步，新科技可使电池和超电容组合在一起成为可能。

　　电池的主要应用增长点在交通系统。电池组可对设计师提出挑战，因为电池组不再是电池的简单配置，但可包含更高的安全性、智能性、能量感知型号，并且具备电池选择性的为主产品供电，并具备串行数据沟通能力甚至循环充电建议能力。

　　在所有这些情况当中，应被设计师们铭记的简单而有效的一句话是"电池如人"，电池本身也需要维护和拥有必要的智能。

参考文献

[1] Agrawal V, Uthaichana K, DeCarlo R A, et al. Development and validation of a battery model useful for discharging and charging power control and lifetime estimation [J]. IEEE Trans. Energy Conv. 2010,25(3):821 – 835.

[2] Alberkrack J. A programmable in – pack rechargeable lithium cell protection circuit[C]. HFPC Conference Proceedings,1996:230 – 237.

[3] Albertus P, Couts J, Srinivasan V, et al. A combined model for determining capacity usage and battery size for hybrid and plug – in hybrid vehicles[J]. Power Sources,2008,183:771 – 782.

[4] Belt J, Utgikar V, Bloom I. Calendar and PHEV cycle life aging of high energy, Li – ion cells containing blended spinel and layered – oxide cathodes[J]. Power Sources,2011,196:10213 – 10221.

[5] Benchmarq Microelectronics Inc. , Duracell Inc. , et al. Smart battery system specifications – system management bus specifications[R]. Revision 1. 0, February 15,1995a.

[6] Benchmarq Microelectronics Inc. , Duracell Inc. , Energizer Power Systems, et al. Smart battery system specifications – smart battery data specifications[R]. Revision 1. 0, February 15,1995b.

[7] Benchmarq Microelectronics Inc. , Duracell Inc. , Energizer Power Systems, et al. Smart battery system specifications – smart battery charger specifications[R]. Revision 1. 0, June 27,1996a.

[8] Benchmarq Microelectronics Inc. , Duracell Inc. , Energizer Power Systems, et al. Smart battery

system specifications – smart battery selector specifications[R]. Revision 1. 0, September 05, 1996b.

[9] Benini L, Bruni D, Macii A, et al. Discharge current steering for battery life optimization[J]. IEEE Trans. Comput. , 2003, 92(8):985 – 995.

[10] Bentley W F, Heacock D K. Battery management considerations for multichemistry systems[C]. Proceedings of the 11th Annual Battery Conference, Long Beach, CA, 1996.

[11] Bernardi D M, Carpenter M K. A mathematical model of the oxygen recombination lead acid cell[J]. Electrochem. Soc. , 1995, 142(8):2631 – 2642.

[12] Bloom I, Cole B W, Sohn J J, et al. An accelerated calendar and cycle life study of Li – ion cells[J]. Power Sources, 2001, 101:238 – 247.

[13] Bloom I, Jones S A, Polzin E G, et al. Mechanisms of impedance rise in highpower, lithium – ion cells [J]. Power Sources, 2002, 111:152 – 159.

[14] Bloom I, Jansen A N, Abraham D P, et al. Differential voltage analyses of high – power, lithium – ion cells:1. Technique and application[J]. Power Sources 2005, 139:295 – 303.

[15] Bloom I, Potter B G, Johnson C S, et al. Effect of cathode composition on impedance rise in high – power lithium – ion cells:long – term aging results[J]. Power Sources, 2006, 155:415 – 419.

[16] Bloom I, Walker L K, Basco J K, et al. Differential voltage analyses of high – power lithium – ion cells. 4. Cells containing NMC[J]. Power Sources, 2010, 195:877 – 882.

[17] Buller S, Thele M, Karden E, et al. Impedance based non – linear dynamic battery modeling for automotive applications[J]. Power Sources, 2003, 113:422 – 430.

[18] Buller S, Thele M, Doncker R W, et al. Impedance based simulation models of supercapacitors and Li – ion batteries for power electronic applications[J]. IEEE Trans. Industry Appl. , 2005, 41(3):742 – 747.

[19] Bundy K, Karlsson M, Lindbergh G, et al. An electrochemical impedance spectroscopy method for prediction of the state of the charge of a nickel – metal hydride battery at open circuit and during discharge[J]. Power Sources, 1998, 72:118 – 125.

[20] Chen M, Rincon – Mora G A. Accurate electrical battery model capable of predicting run time and I – V performance[J]. IEEE Trans. Energy Conv. , 2006, 21(2):504 – 511.

[21] Chiasserini C B, Rao R R. Energy efficient battery management[J]. Selected Areas Commun, 2001, 19(7):1235 – 1245.

[22] Department of Energy. Freedom CAR battery test manual for power – assist hybrid electric vehicles [R]. DOE/ID – 11069, October 2003, 14 pages.

[23] Elder G. IEEE 1625 helps promote safety and reliability[J]. Power Electron. Technol. , 2004, 4: 34 – 43.

[24] Fang K, Mu D, Chen S, Wu B, et al. A prediction model based on artificial neural network for surface temperature simulation of nickel metal hydride battery during charging[J]. Power Sources, 2012, 208:378 – 382.

[25] Forgez C, Do D V, Friedrich G, et al. Thermal modeling of a cylindrical LiFePO$_4$/graphite lithium – ion battery[J]. Power Sources, 2010, 195(9):2961 – 2968.

[26] Gao J, Manthiram A. Eliminating the irreversisble capacity loss of high capacity layered Li[Li0. 2Mn0. 54Ni0. 13Co0. 13]O2 cathode by blending with other lithium insertion hosts[J]. Power Sources, 2009, 191:644 – 647.

[27] Gao L, Liu S, Dougal R A. Dynamic lithium – ion battery model for system simulation[J]. IEEE Trans. Components Packaging Technol. , 2002, 25(3):495 – 505.

[28] Gholizadeh M, Salmasi F R. Estimation of state of charge, unknown nonlinearities, and state of health of a Li – ion battery based on a comprehensive unobservable model[J]. IEEE Trans. Ind. Electron. ,

2014,61(3):1335 - 1344.

[29]　Goebel K,Saha B,Saxena A,et al. Prognostics in battery health management[J]. IEEE I & M Mag.,
2008,11(4):33 - 40.

[30]　Gould C R,Bingham C M,Stone A,et al. New battery model and state - of health determination
through subspace parameter estimation and state observer techniques [J]. IEEE Trans. Veh. Technol.,
2009,58(8):3905 - 3916.

[31]　Greenleaf M,Li H,Zheng J P. Modeling of LIXFEPO₄ cathode Li - ion batteries using linear electrical
circuit model[J]. IEEE Trans. Sustainable Energy,2013,4(4):1065 - 1070.

[32]　Grimnes S,Martinsen O G. Bioimpedance and Bioelectricity Basics[M]. Elsevier, Academic Press,
Amsterdam,2008.

[33]　Gu W B,Wang C Y,Liaw B Y. Numerical modelling of coupled electrochemical and transport proces-
ses in lead - acid batteries[J]. Electrochem. Soc.,1995,144(6):2053 - 2061.

[34]　Gu W B,Wang C Y,Li S M,et al. Modeling discharge and charge characteristics of nickel - metal hy-
dride batteries[J]. Electrochim.,1999,44:4525 - 4541.

[35]　Heacock D. Enabling smart batteries for portable devices[C]. Proceedings of Global Forum on Mobile
Handsets(London),1998.

[36]　Hsieh G C,Chen L R,Huang K S. Fuzzy - controlled Li - ion battery charge system with active state - of -
charge controller[J]. IEEE Trans. Ind. Electron.,2001,48(3):585 - 593.

[37]　Huet F. A review of impedance measurements for determination of the state - of - charge or state -
of - health of secondary batteries[J]. Power Sources,1998,70:59 - 69.

[38]　Husseni A,Kutkut N,Batarseh I. A hysteresis model for a lithium battery cell with improved transi-
ent response[C]. Proceedings of 26th IEEE APEC 2011 Conference,2011:1790 - 1794.

[39]　Israelsohn J. Battery management included[J]. EDN,2001:65 - 74.

[40]　Jossen A. Fundamentals of battery dynamics[J]. Power Sources,2006,154:530 - 538.

[41]　Karden E,Buller S,Doncker R W. A method for measurement and interpretation of impedance
spectra for industrial batteries[J]. Power Sources,2000,85:72 - 78.

[42]　Karfthoefer B. Measure battery capacity precisely in medical design[J]. Power Electron. Technol.,
2005:30 - 38.

[43]　Kassem M,Delacourt C. Postmortem analysis of calendar - aged graphite/LiFePO₄ cells[J]. Power
Sources,2013,235:159 - 171.

[44]　Kassem M,Bernard J,Revel R,et al. Calendar aging of a graphite/LiFePO₄ cell[J]. Power Sources,
2012,208:296 - 305.

[45]　Khun E,Forgez C,Lagonotte P,et al. Modeling NiMH battery using Cauer and Foster structures[J].
Power Sources,2006,158:1490 - 1497.

[46]　Kularatna N. Digital and analogue instrumentation[M]. London:IET,2008:113 - 162.

[47]　Kutluay K,Cadirici Y,Ozkazanc Y S,et al. A new on line state of charge estimation and monitoring
system for sealed lead - acid batteries in telecommunication power supplies [J]. IEEE Tarns.
Ind. Electron.,2005,52(5):1315 - 1327.

[48]　Lai J S,Rose M F. High energy density double layer capacitors for energy storage applications[J].
IEEE AES Mag.,1992,7(4):14 - 19.

[49]　Landfords J,Simonsson D,Sokirko A. Mathematical modelling of a lead/acid cell with immobilized e-
lectrolyte[J]. Power Sources,1995,55:217 - 230.

[50]　Langnan P E. VRLA battery impedance analysis:cell evaluation via changes in the slope of the im-
pedance curve[J]. Power Qual. Assur.,2000:24 - 29.

[51] Li J,Mazzola M,Gafford J,et al. A new parameter estimation algorithm for an electrical analogue battery model[C].Proceedings of IEEE APEC 2012 Conference,2012:427 – 433.

[52] Li S E,Wang B,Peng H,et al. An electrochemistry – based impedance model for lithium – ion batteries[J].Power Sources,2014,258:9 – 18.

[53] Lin F J,Huang M S,Yeh P Y,et al. DSP – based probabilistic fuzzy neural network control for Li – ion battery charger[J].IEEE Trans. Power Electron. ,2012,27(8):3782 – 3794.

[54] Lin H T,Liang T J,Chen S M. Estimation of battery state of health using probabilistic neural network[J].IEEE Trans. Ind. Informatics,2013,9(2):679 – 685.

[55] Lindahl P A,Cornachione A,Shaw S R. A time – domain least squares approach to electrochemical impedance spectroscopy[J].IEEE Trans. Instrum. Meas. ,2012,61(12):3303 – 3311.

[56] Marcicki J,Canova M,Conlisk A T,et al. Design and parametrization analysis of a reduced – order electrochemical model of graphite/LiFePO$_4$ cells for SOC/SOH estimation[J].Power Sources,2013, 237:310 – 324.

[57] Mauracher P,Karden E. Dynamic modeling of lead/acid batteries using impedance spectroscopy for parameter identification[J].Power Sources,1997,67:69 – 84.

[58] Micea M V,Ungurean L,Carstoiu G N,et al. Online state of health assessment for battery management systems[J].IEEE Trans. Instrum. Meas. ,2011,60(6):1997 – 2006.

[59] Moura S J,Stein J F,Fathy H K. Battery Health conscious power management in plug – in hybrid electrical vehicles via electrochemical modeling and stochastic control [J]. IEEE Trans. Control Syst. Technol. ,2013,21(3):679 – 694.

[60] Nelson P,Bloom I,Amine K,et al. Design modeling of lithium – ion battery performance[J].Power Sources,2002,110:437 – 444.

[61] Orazem M E,Tribollet B. Electrochemical impedance spectroscopy[M].New Jersey:John Wiley, 2008:523.

[62] Pan Y H,Srinivasan V,Wang C Y. An experimental and modeling study of isothermal charge/discharge behavior of commercial Ni – MH cells. J. Power Sources,2002,112:298 – 306.

[63] Pascoe P E,Anbuky A H. The behavior of the coup de fouet of valve – regulated lead acid batteries [J].Power Sources,2002,111:304 – 319.

[64] Pascoe P E,Anbuky A H. Standby power system VRLA battery reserve life estimation scheme[J]. IEEE Trans. Energy Conv. ,2005,20(4):887 – 895.

[65] Pattipati B,Sankavaram C,Pattipati K R. System identification and estimation framework for pivotal automotive battery management system characteristics [J]. IEEE Trans. Sys. Man. Cybern. , 2011, 41(6):869 – 884.

[66] Phillips Semiconductors. The I2C bus and how to use it[R].2003,Document # 98 – 8080 – 575 – 01.

[67] Plett G L. Extended Kalman filtering for battery management systems of LiPb – based HEV battery packs:part 1. Background[J].Power Sources,2004,134:252 – 261.

[68] Plett G L. Extended Kalman filtering for battery management systems of LiPb – based HEV battery packs:part 2. Modeling and identification[J].Power Sources,2004,134:262 – 276.

[69] Plett G L. Extended kalman filtering for battery management systems of LiPb based HEV battery packs:part 3. Sate and parameter estimation[J].Power Sources,2004,134:277 – 292.

[70] Rakhmatov D,Vrudhula S,Wallach D A. A model for a battery lifetime analysis for organizing applications on a pocket computer[J].IEEE Trans. VLSI Syst. ,2003,11(6):1019 – 1030.

[71] Ramadass P,Haran B,Gomadam P M,et al. Development of first principles capacity fade model for Li – ion cells[J].Electrochem. Soc. ,2004,151:A196 – A203.

[72] Randles J E B. Kinetics of rapid electrode reactions[J]. Discuss. Faraday Soc. ,1947,1:11 – 19.

[73] Rao R, Vrudhala S, Rakhmatov D N. Battery modeling for energy aware system design[J]. IEEE Comput. ,2003,36(12):77 – 87.

[74] Renhart W, Magele c, Schweighofer B. FEMbased thermal analysis of NiMH batteries for hybrid vehicles[J]. IEEE Tans. Magnetics,2008,44(6):802 – 805.

[75] Rong P, Pedram M. An analytical model for predicting the remaining battery capacity of Li – ion batteries[C]. Proceedings of IEEE Design, Automation and Test Conference, Europe,2003:1148 – 1149.

[76] Rong P, Pedram M. An analytical model for predicting the remaining battery capacity of Li – ion batteries[J]. IEEE Trans. VLSI Syst. ,2006,14(5):441 – 451.

[77] Rong P, Pedram M. An analytical model for predicting the remaining capacity of lithium – ion batteries[J]. IEEE Trans. VLSI Syst. ,2006,14(5):441 – 451.

[78] Ruetschi P. Aging mechanisms and service life of lead acid batteries[J]. Power Sources,2004,127: 33 – 44.

[79] Sacarisen P S, Parvereshi J. Lead acid fast charge controller with improved battery management techniques[C]. South Conference, March 1995.

[80] Schwartz P. Battery management[C]. Portable by Design Conference,1995:525 – 547.

[81] Schweighofer B, Raab K M, Brasseur G. Modeling of high power automotive batteries by the use of an automated test system[J]. IEEE Trans. Instrum. Meas. ,2003,52(4):1087 – 1091.

[82] Shahriari M, Farrokhi M. Online state – of – health estimation of VRLA batteries using state of charge[J]. IEEE Trans. Ind. Electron. ,2013,60(1):191 – 202.

[83] Shen W X, Chau K T, Chan C C, et al. Neural network based residual capacity indicator for nickel metal hydride batteries in electric vehicles[J]. IEEE Trans. Veh. Technol. ,2005,54(4):1705 – 1712.

[84] Singh P, Fennie C, Reisner D. Fuzzy logic modeling of state – of – charge and available capacity of nickel/metal hydride batteries[J]. Power Sources,2004,136:322 – 333.

[85] Song L, Evans J W. Electrochemical – thermal model of lithium polymer batteries [J]. Electrochem. Soc. ,2000,147(6):2086 – 2095.

[86] Stevanatto L C, Brusamarello V J, Tairov S. Parameter identification and analysis of uncertainty measurements of lead – acid batteries[J]. IEEE Trans. Instrum. Meas. ,2014,63(4):761 – 768.

[87] Stiaszny B, Ziegler J C, Krauz E E, et al. Electrchemical characterization and post – mortem analysis of aged $LiMnO_4$ $Li(Ni_{0.5} Mn_{0.3} Co_{0.2})O_2$/graphite li – ion batteries, part 1[J]. Power Sources,2014,251: 439 – 450.

[88] Świerczyński M, Store D I, Stan A, et al. Selection and performance – degradation modeling of $LiMO_2/Li_4 TI_5 O_{12}$ and $LiFePO_4$/C battery cells as suitable energy storage systems for grid integration with wind power plants: an example for the primary frequency regulation service [J]. IEEE Trans. Sustainable Energy,2014,5(1):90 – 101.

[89] Tan X, Baras J. Adaptive identification and control of hysteresis in smart materials [J]. IEEE Trans. Automatic Control,2005,50(6):827 – 839.

[90] Tang X, Zhang X, Koch B, et al. Modeling and estimation of nickel metal hydride battery hysteresis for SOC estimation[C]. Proceedings of IEEE International Conference on Prognostics and Health Management,2008:1 – 12.

[91] Thele M, Buller S, Sauer D U, et al. Hybrid modeling of lead acid batteries in frequency and time domain[J]. Power Sources,2005,144:461 – 466.

[92] Unitrode Inc. Improved Charging Methods for Lead – Acid Batteries Using the UC 3906[R]. Application Note U – 104.

[93] Urbin M, Hinaje M, RaëS, et al. Energetical modeling of lithium – ion batteries including porosity effects[J]. IEEE Trans. Energy Conv. ,2010,25(3):862 – 872.

[94] US Department of Energy. Battery Test Manual for Plug_in Hybrid Electric Vehicles[R]. Rev 2, INL/EXT – 07 – 12536,December 2010:56.

[95] Valoen L O,Sunde S,Tunold R. An impedance model for electrode processes in metal hydride electrodes[J]. Alloys Compounds,1997,253(254):656 – 659.

[96] Wang J,Liu P,Hicks – Garner J, et al. Cycle – life model for graphite – LiFePO$_4$ cells[J]. Power Sources,2011,196:3942 – 3948.

[97] Warburg E. Über das verhalten sogenannte unipolarisierbare electroden gegen wechselstrom[J]. Ann. Phys. Chem. ,1899,67:493 – 499.

[98] Wright R B,Motloch C G,Belt J R, et al. Calendar – and cycle – life studies of advanced technology development program generation 1 lithium – ion batteries[J]. Power Sources,2002,110:445 – 470.

[99] Wu Q,Qiu Q,Pedram M. An interleaved dual – battery power supply for battery operated electronics[C]. Proceedings:2000 Conference, Asia and South Pacific Design Automation,2000:387 – 390.

[100] Wu B,Mohammed M,Brigham D, et al. A non – isothermal model of a nickel – metal hydride cell [J]. Power Sources,2001,101:149 – 157.

[101] Zhang J,Ci S,Sharif H, et al. An enhanced circuit – based model for single cell battery[C]. Proceedings of 25th IEEE APEC 2010 Conference,2010:672 – 675.

[102] Kalman R E, A new approach to linear filtering and prediction problems[J]. Trans. ASME – J. Basic Eng. ,1960,82:35 – 45.

[103] The Seminal Kalman Filter Paper[R]. http://www. cs. unc. edu/_x0007_welch/kalman/kalman Paper. html,1960(accessed 20. 05. 03).

[104] Haykin S. Adaptive Filter Theory[M]. third ed. NJ:Prentice – Hall, Upper Saddle River,1996.

[105] Haykin S. Kalman filters[C]. Haykin, S. (Ed.), Kalman Filtering and Neural Networks. Wiley/Interscience, New York,2001:1 – 22.

[106] Burl J. Linear Optimal Control:H$_2$ and H∞ Methods[M]. CA:Addison Wesley, Menlo Park,1999.

[107] Kiehne H A. Battery Technology Handbook[M]. New York:Marcel Dekker Inc,2003.

第4章 以电容器为储能装置——当前商用系列基础概述

Kosala Gunawardane

4.1 电容器基础知识

电容器是一种存储电荷并根据电路需要释放电荷的装置。图 4.1 所示是最简单的电容器配置：由一片电介质材料（绝缘体）分隔开的两块平行导电板，其中，平行板的面积为 A，间距为 d。

在未充电的状态下，电容器的两块平行导电板上的电荷均为零。当向电容器电极施加直流电压 U 时，即在电容器板上产生一个电荷：电子在电容器板上产生一个正电荷（$+Q$），并在另一个电容器板上产生一个与之相等且相反的负电荷（$-Q$）。在充满电的电容器中，电流 I 将继续流动，直至两个电极之间的电位差达到与电源电压相等。

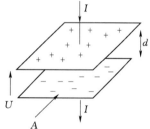

图 4.1 平行板式电容器的构造

将 Q/U 比值定义为电容量，即

$$C = \frac{Q}{U} \tag{4.1}$$

电容量单位为法拉（F）。

电容器行为可通过公式（4.2）计算出，即

$$i(t) = \frac{dq}{dt} = C\,\frac{du}{dt} \tag{4.2}$$

式中：t 为时间；i 为在时间 t 内流经电容器的电流；u 为当时间 t 时通过电容器的电压。

通过积分方程式（4.2）可计算出可获得的电容器电压为

$$u = \frac{1}{C}\int_0^t i(t)\,dt + u(0) \tag{4.3}$$

式中：$u(0)$ 为充电过程开始时电容器的初始电压。

如图 4.1 所示，电容器的最基本构成包括两个平板，并且由介电材料（如：陶瓷、聚合物或氧化铝）隔离（间距为 d）的导电板（面积为 A）。这种平行板式电容器中，电能量以静态存储在两个电极之间的电场。

平行板式电容器的电容量的计算公式为

$$C = \frac{\varepsilon A}{d} \tag{4.4}$$

因此，电容量会随着电极面积 A 和机电材料介电常数 ε 的增大而增加，但会随着电极距离 d 的加大而降低。当电压在 $10 \sim 400V$ 以上范围内，常规电容器的电容量值为 $5pF \sim 1F$。常用的大型电容器通常可达 $10000mF$ 左右。电容器越大，其额定电压就越大，价格也更昂贵。

4.1.1　电容器充电

电容器常规充电电路如图 4.2 所示，施用恒定直流电压 U_{in} 和串联电阻 R。该电阻器可体现电容器的等效串联电阻（ESR）、外接引线连接线路的电阻，以及任何专门连接的电阻。假设电容器的初始电压 $U(0)$ 为零。

利用基尔霍夫电压定律，有

$$U_{in} = i(t)R + \frac{1}{C}\int_0^t i(t)'\mathrm{d}t' \tag{4.5}$$

解方程式 (4.5)，计算所得电流为

$$i(t) = \frac{U_{in}}{R}\exp\left(\frac{-t}{RC}\right) \tag{4.6}$$

利用方程式 (4.6)，可算出充电过程中指定时间点的电容器电压为

$$u(t) = U_{in}\left[1 - \exp\left(\frac{-t}{RC}\right)\right] \tag{4.7}$$

图 4.3（a）体现了电容器在充电过程中的电压和电力行为。

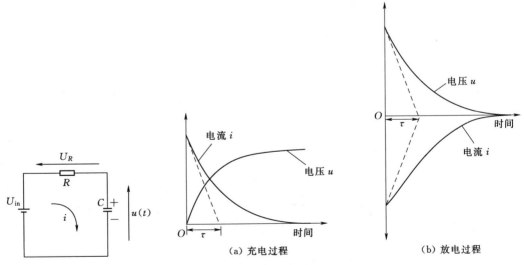

图 4.2　以一个电压源向
电容器充电

图 4.3　电容器的电压-电流行为

电容器的充电率取决于 R 和 C 的乘积，通常称为时间常量 τ，即

$$\tau = RC \tag{4.8}$$

此外，有必要注意的是，当电容器从 0V 充电至其额定电压时，虽然电容器已存储 $\frac{1}{2}QU$ 的能量，但无论总回路电阻值是多少，充电回路中的电阻元件都会消散掉等量的能

量。相比之下，当相同的电荷以一对阴阳极（假设为常量）之间的电化学电压 U 输入电化学电池时，可通过充电过程（假设电池内部无损耗）存储能量 QU。这表示，从理论上讲，一块理想的电池可达到100％的充电效率，而一块放空电量的电容器只能达到50％的充电效率。但如果电容器从某一非零初始值开始充电，则充电回路的损耗量较少。这一原则实际应用于交流-直流转换器，其中，大型电容器用于消除电波浪，但它只能释放掉充放电循环中总储能的一小部分比例。

4.1.2 电容器放电

如果以短路替换直流电源，则电容器将通过负载电阻 R 放电。放电过程中，电流行为与充电过程相同，但电流方向相反。电容器电压将以指数衰减至零。电压和电流放电方程式为

$$u(t) = U_f \exp\left(\frac{-t}{RC}\right) \tag{4.9}$$

$$i(t) = \frac{U_f}{R} \exp\left(\frac{-t}{RC}\right) \tag{4.10}$$

式中：U_f 为电容器开始放电时的电压［图 4.3（b）］。

4.1.3 电容器储能

电容器的总储能 E 等于电容量 C 与电压 U 的平方的乘积。

$$E = \frac{1}{2}CU^2 \tag{4.11}$$

根据电荷守恒定律，如果两个预充电电容器通过如图 4.4 所示方式连接，则该并联组合上的电荷总量等于电容器上原始电荷的总和。

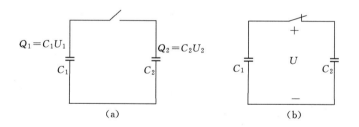

图 4.4　电容器之间的电荷分布

图 4.4 所示两个电容器 C_1 和 C_2 分别充电至电压 U_1 和 U_2。当开关闭合时，涌入的电流和电荷在两个电容器之间重新分布。两个电容器并联组合起始端的电荷总量为

$$Q_T = C_1U_1 + C_2U_2 \tag{4.12}$$

这些电荷分布于两个电容器之间，因此，两个电容器之间的电荷总量保持不变。

$$Q_T = C_1U + C_2U = (C_1 + C_2)U \tag{4.13}$$

式中：U 为并联组合内的新电压。

$$U = \frac{C_1 U_1 + C_2 U_2}{C_1 + C_2} \tag{4.14}$$

并联条件下的总能量损耗 E_L 为

$$E_L = \left(\frac{1}{2} C_1 U_1^2 + \frac{1}{2} C_2 U_2^2 \right) - \frac{1}{2} (C_1 + C_2) U^2 \tag{4.15}$$

于是有

$$E_L = \frac{1}{2} \frac{C_1 C_2}{C_1 + C_2} (U_1 - U_2)^2 \tag{4.16}$$

如果 C_2 远小于 C_1，则方程式（4.16）可以简化为

$$E_L \approx \frac{1}{2} C_2 (U_1 - U_2)^2 \tag{4.17}$$

4.1.4 电容器模型

在实际情况下，实际电容器模型更为复杂，如图 4.5（a）所示。图 4.5（b）是该等效电路模型的简化版。

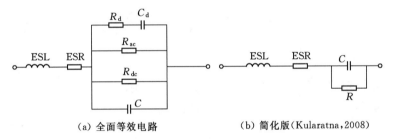

（a）全面等效电路　　　　（b）简化版(Kularatna，2008)

图 4.5　电容器模型

ESR 和 ESL 分别表示等效串联电阻（由引线电阻、电极和终止电阻组成）和等效串联电感。当将电容器用于较高频率或高压环境下，这两个参数是重要的设计参数。R_{ac} 和 R_{dc} 分别表示交流介电损失的等效电阻，和直流介电损失的漏电电阻（Kularatna，2008）。在某些电路中（如：精密积分电路或取样/保持电路），电容器的介电吸收是一项重要参数。介电吸收是一个属性，介质材料不会立即极化。

这一属性可产生记忆效应，体现为如图 4.5（a）中的 R_d 和 C_d。介电吸收属性可防止电容器完全放电，甚至包括短时间内短路情况（http://en.wikipedia.org/wiki/Dielectric _ absorption）。在这种情况下，如果电容器经过充电并放电，并且处于开路状态，就会恢复一部分电荷，这些电荷由于 R_d 和 C_d 的寄生效应，逐渐重现为电容器终端的少量直流电压。图 4.6 体现了电容器满充满放（通过短路）后的介电吸收效应（Kularatna，2008；http://en.wikipedia.org/wiki/Dielectric _ absorption）。

在理想条件下，电容器仅需通过如图 4.7（a）所示的电容量 C 来体现。但大多数直流电环境下使用的是如图 4.7（b）所示的简化的一阶电容器模型（包含电容量和等效串联电阻）。

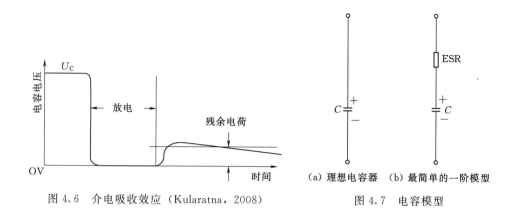

图 4.6　介电吸收效应（Kularatna，2008）　　　　图 4.7　电容模型

4.2　电容器类型及其属性

在具备平滑、缓冲、过滤、旁通、直流堵断等作用的电子线路中，电容器是最关键的无源部件之一。电容器能够存储电荷，并在电路需要时将其释放。基于构造和采用的技术，电容器的类型多种多样。最常用的电容器类型包括：薄膜电容器、陶瓷电容器、电解电容器。

薄膜电容器用于要求紧密电容量公差和极低漏电量等普通用途。这种电容器的 ESR 和 ESL 值非常低，电气参数更加稳定。薄膜电容器的尺寸和重量相对较大，但浪涌或脉冲负载能力要高很多（http：//en. wikipedia. org/wiki/Film_capacitor）。薄膜电容器未经极化，因此可用于交流电压环境下〔http：//www. cornell－dubilier. com（铝电解电容器）〕。

陶瓷电容器也是固定值电容器，由于未经极化，适用于交流电环境（铝电解电容器）。电容器的电行为取决于陶瓷材料的成分。陶瓷电容器的用途包含两种稳定状态（http：//en. wikipedia. org/wiki/Types_of_capacitor）：一类陶瓷电容器具有高稳定性和低损耗率，适用于谐振电路；一类陶瓷电容器具有高容积效率，适用于缓冲、旁路和耦合用途。

电解电容器包含铝、钽、铌等几种类型。

在工作电压达到几百伏直流电压的条件下，铝电解电容器的适用范围为小于1mF～1F，单位容积内的电容量和储能量更大（铝电解电容器；Eliasson and Daly，2003；http：//en. wikipedia. org/wiki/Types_of_capacitor）。铝电解电容器是具有鲜明正负极端子的极性装置，能够提供高波纹电流能力与高可靠性。

钽电容器通常可用于最高达几百微法拉的低电压版本。由于指定电容量的尺寸较小，高频率下的阻抗较低，钽电容器广泛应用于小型环境下（http：//en. wikipedia. org/wiki/Types_of_capacitor）。这种电容类别的能量密度较低，产品的公差要求比铝电解电容器更严格（http：//en. wikipedia. org/wiki/Types_of_capacitor）。

铌电容器最初是作为价格较低廉的钽电容器替代品推出的。但材料供应商无法提供与钽电容器的电容量/电压（CV）值相匹配的电容器级铌粉。相比钽电容器，铌电容器的局限性包括容积效率较低（给定电容器尺寸下的 CV）、电压范围较低，以及直流电漏电率较高（Roos，2012）。

每个电容器类型都仅适用于某几种使用目的。表 4.1 中总结了各种电容器的基本特性（http：//www. hitachiaic. com/docs/technical/1 - Capacitors/Basics _ of _ capacitors. pdf）。

表 4.1   各 种 电 容 器 的 特 性

	铝	钽	铌	陶瓷	薄膜
介电质	氧化铝	五氧化二钽	五氧化二铌	钛酸钡基等	聚酯、聚丙烯等
形态	螺丝端子型、基板自立型、引线终端子型、芯片型	芯片型、插脚式	芯片型	芯片型、插脚式	插脚式、盒式表面贴装电池
优点	价格低、尺寸小、容量大	尺寸小、电容量相对较大、半永久性使用寿命	尺寸小、电容量相对较大、半永久性使用寿命	尺寸小、无极性	特性良好、可用于低-高电压使用环境、可靠性高
缺点	高温环境下使用寿命短、容差大、极化	可伴随一定电压冗余、极性	可伴随一定电压冗余、极化	电容量随温度和直流电压变化而发生较大变化	外形尺寸大

来源：http：//www. hitachiaic. com/docs/technical/1 - Capacitors/Basics _ of _ capacitors. pdf。

图 4.8 展示了一些常见的电容器类型。图 4.9 是各类型电容器的电容量和额定电压范围总结（电容器基础知识）。

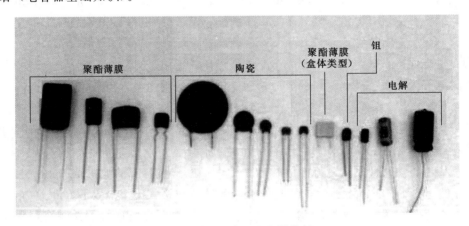

图 4.8　一些商用电容器样例

电子行业中的一些常见电容器用途（www. holystonecaps. com）：

（1）直流阻断电容器。充满电时，电容器将阻断电路中两个部分之间的直流电流。

（2）以电容器为能量（电荷）缓冲器。以电容器为一个充电单元，根据电路需要，将能量存储并释放。

（3）旁通电容器。电容器的电抗随频率增大而减小。某些应用环境中，通过将电容器与其他部件并联，利用这一属性，绕过指定频率。

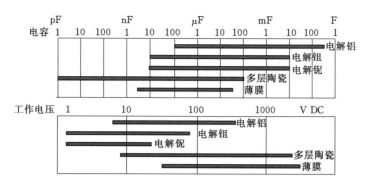

图 4.9 各种电容器的电容量和操作电压范围

来源：http://www.hitachiaic.com/docs/technical/1 - Capacitors/Basics _ of _ capacitors.pdf。

（4）以电容器为过滤器。在过滤器电路中（如：低通、高通、带通），将电容器用作主要过滤元件。

（5）耦合电容器。电容器具备传输交流信号的能力，允许信号与需要直流隔离的电子电路的若干节段耦合。

去耦合电容器：一种用于最小化噪声和逻辑信号干扰的电容器。通常，在这种应用环境中，电容器的位置与 IC 出口非常近，并为局部能源提供一定额外电流。缓冲电容器：缓冲电容器用于限制电路中的高电压瞬变，频繁应用于电力电子电路中。在实际应用中，由于温度和电压变动条件下的寄生电阻、电感和电容量变化等因素效应，电容器无法表现出其理想特性。选择错误的电容器会导致不可预知的电路行为、电路不稳定、功率耗散过度或噪声（Morita，2010）。电容器具有额定电容量，以及容差，并且以额定电容量降低或增长百分比来表示。标准电容量容差为－20％。通常，电容器的容差范围在－20％至高达＋80％之间（http://www.cornell - dubilier.com；http://www.electronics - tutorials.ws/capac itor/cap 3. html；http://en.wikipedia.org/wiki/Types _ of _ capacitor ♯ Leakage _ current）。

由于温度的变化会影响介电性质，因此电容器的电容量随温度的变化而变化。此外，这种变化有时会受额定电压和电容器尺寸方面较小程度的影响。标称额定电压下，大多数电容器的正常工作范围在 30～125℃（http://www.cornell - dubilier.com；http://www.electronics - tutorials.ws/capacitor/cap 3. html）。电容器的等效串联电阻也随温度上升而增大。

有效电容量随频率的增大而减少，即

$$X_c = \frac{1}{2\pi fC} \tag{4.18}$$

根据式（4.18），预计一个理想电容器的阻抗会随频率的逆行而骤降。但一个非理想电容器模型的阻抗在自谐振 f_0 上发生倾斜，然后开始随着频率的增大而增大，如图 4.10 所示。当频率大于 f_0 时，转至感应部件（ESL）（Kularatna，2008；http://www.maximintegrated. com/app - notes/index. mvp/id/3660）。

受到板上电荷构成的强力电场的影响，电容器的介质材料导致流经介电质的电流非常小，因此不是理想的绝缘体（http：//www. electronics－tutorials. ws/capacitor/cap 3. htm）。当缩小到毫微安范围内的直流电流，就叫做漏电。但电解电容器的漏电量是非常高的，通常为 $5\sim20$ mA（http：//www. electronics－tutorials. ws/capacitor/cap 3. html）。漏电量相当于与电容器并联的电阻器，如图 4.11 所示。此外，电容器漏电量也取决于充电时间、施加的电压和温度。

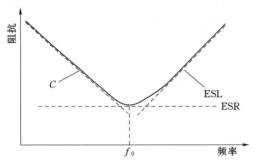

图 4.10　频率与非理想电容器的
关系（Kularatna，2008）

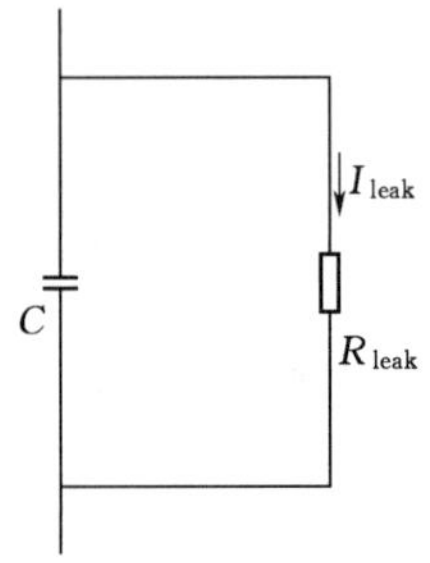

图 4.11　电容器漏电模型

4.3　能量比较图

储能装置（ESD）的特点是能量和负载可用电源（Christen，Carlen，2000）。能量比较图是一种用于体现各种储能装置性能对比结果的图表，将能量密度（W·h/kg）与功率密度（W·h/kg）数值绘制成对比图（http：//en. wikipedia. org/wiki/Ragone_chart）。将电池、电容器、超级电容器、飞轮和磁性储能装置等的储能装置，置于能量比较图的功率——能量平面特性区域。两轴通常表示对数刻度，达到将差异较大的装置进行性能对比的目的。如图 4.12 所示，通过该图可将各种不同储能装置（如电池、超级电容器和常规电容器）进行性能对比（Schneuwly，Gallay，2000）。储能装置的选择取决于一

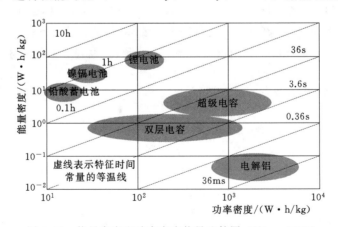

图 4.12　能量密度和功率密度能量比较图（Kim，2003）

定应用条件下要求的具体功率密度。

能量比较图中的斜线（等温线的特征时间常数）表示该装置充或放电所消耗的相应时间（Christen，Carlen，2000）。达到峰值时，电容器能够在微秒之内输入及输出功率；而达到底值时，动态性能较差的装置需要几小时时间才能产出与输送能量。超级电容器介于两者之间，可达到合理折中效果。

便携装置的能量存储需求较广泛。一些便携式装置需要达到数小时的大功率、高能量运行时间，而其他装置只需要再充电期间的几秒钟操作时间（Dispennette，2005）。

如能量比较图所示，电池能量密度高，但功率密度低，因此适用于需要较长工作时间的使用目的。电池有使用寿命有限和维护成本昂贵等几个缺点。相比之下，电容器的功率密度非常高，但功率密度低，使用寿命和循环使用寿命较长（Christen，Carlen，2000）。

参考文献

［1］ Aluminum electrolytic capacitors. Cornell Dubilier. http://www. cornell - dubilier. com.

［2］ Basics of Capacitors. Hitachi AIC Inc. http://www. hitachiaic. com/docs/technical/1 - Capacitors/ Basics_of_capacitors. pdf.

［3］ Capacitor applications. Holystone,www. holystonecaps. com.

［4］ Capacitor characteristics. http://www. electronics - tutorials. ws/capacitor/cap_3. html.

［5］ Christen T,Carlen M W. Theory of ragone plots［J］. Power Sources,2000,91:210 - 216.

［6］ Dispennette J. Ultracapacitors bring portability to power［J］. power electronics technology,2005.

［7］ Eliasson L,Daly J. Optimize electrolytic capacitor selection［J］. Power Electronics Technology,2003.

［8］ Kim Y. Ultracapacitor technology powers electronics circuits［J］. Power Electonics Technology,2003.

［9］ Kularatna N. Electronic circuit design:from concept to implementation［M］. CRC Press,2008.

［10］ Morita G. Capacitor selection guidelines for analog devices［M］. Inc. LDOS, Analog Devices,2010.

［11］ PCB layout techniques to achieve RF immunity for audio amplifiers. Maxim Integrated, July,2006, http://www. maximintegrated. com/app - notes/index. mvp/id/3660.

［12］ Roos G. Niobium capacitors slow to take hold. Digi - Key Corporation. http://www. digikey. com/ supply - chain - hq/us/en/articles/.

［13］ Schneuwly A,Gallay R. Properties and applications of supercapacitors from the state of - the - art to future trends［C］. Proceeding of PCIM,2000.

第 5 章　双层电容器：基本原理、特性和等效电路

联合作者：Jayathu Fernando

5.1　引言

前一章对用于电子电路的常见电容器种类进行了实用概述，并介绍了关于这些电容器的简单概念。一般来说，常见类的电容器装置都不会超过几十万微法拉，但这些装置的额定直流电压范围都比较大，从 5V 到几千伏不等。通常这些装置使用在常见的电路上，如直流阻断、过滤、临时能量储存和建立调谐电路等。

然而，当考虑类似于电池的储能需求时，相对较新的电容器系列需要的是 20 世纪 80 年代后期上市的电化学（EC）电容器，而且在过去的十年中，很多制造商都推出了电容非常高的低电压电容器装置。制造商们将这些电化学装置称为超级电容器（Supercapacitor）、超超级电容组（Ultracapacitor）或电化学双层电容器（EDLC），用于在高表面积电极和电解质之间界面电双层内存储电能。当前的商业装置是额定直流电压最高为 16V 的相对低电压的单电池芯装置，或额定直流电压最高可达到并高于 100V 的串联模块。如第 1 章所述，超级电容器具备足够的能力提供短期功率突增，且相比电池，其寿命循环可达到一百万次甚至几百万次。作为一般标准，与充电电池相比，超级电容器的额定比功率（W/kg）要高出 10 倍，额定重量能量密度（W·h/kg）小 10 倍。

根据市场研究报告，到 2014 年年中为止，全球共有 70 多家超级电容器制造商。市场复合平均增长率有望达到 30%，整体市场将接近 60 亿美元。

本章将对电化学双层电容器原理、建模、等效电路、装置性能和特性进行总体论述。

5.2　历史背景

德国物理学家赫尔曼·冯·亥姆霍兹于 1853 年首次描述了双层电容的概念。1957 年，通用电气公司率先申请了基于双层电容结构 [图 5.1（a）] 的电化学电容器专利（Rightmire，1966），该双层电容器由双层电容的多孔碳电极组成。1961—1962 年，商业双层电容器起源于俄亥俄标准石油公司（SOHIO）研究中心（美国克利夫兰市），Rightmire 取得了"电能存储装置"专利（Becker，1957）。图 5.1（b）描述了这一概念。研发工作持续进行，并于 1969 年投放了第一个广告宣传册。SOHIO 还应用了高比表面积碳材料双层电容，但使用的是含有溶解的四烷基铵盐电解质的非水溶剂。这种情况下，

SOHIO 承认，双层界面的性能就像一个拥有相对较高比容量的电容器。1970 年，SOHIO 利用碳糊浸泡于电解质中，继续申请了碟状电容器专利。1971 年，由于销售额不足，SOHIO 停止了研发工作，随后将该技术授权给了日本电气公司（NEC），由其研发并销售商业双层产品。日本电气公司从 SOHIO 获得该技术授权之后，将首批电化学产品作为内存备份装置投放市场。

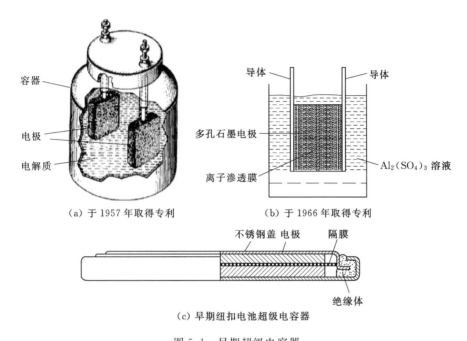

(a) 于 1957 年取得专利   (b) 于 1966 年取得专利

(c) 早期纽扣电池超级电容器

图 5.1   早期超级电容器

来源：(a) Becker，1957；(b) Rightmire，1966 和 (c) Endo 等，2001。

纽约尼亚加拉大瀑布 Carborundum 公司（原名 SOHIO）开始销售名为 MAXCAP 的双层电容器产品，目前一家名为 Kanthal Globar 的公司仍在销售这种装置。几个电容值在 0.047～1F 之间，等效串联电阻值在低于 1Ω 至几欧姆之间，高温范围在 −25～85℃ 之间采用小直径或低高度包装的产品仍然有售。MAXCAP 产品手册中介绍了与日本电气公司电容器类似的结构，这是成功实现双层效应的早期产品的另一个证明（Endo 等，2001）。由于比现代超级电容器具有更高的等效串联电阻，因此这些早期装置仅适合用于低载荷电流可承担的内存备份等同类型少量用途。

20 世纪 80 年代，日本松下电器产业有限公司（现名为松下公司）申请了经过电极改善的双层电容器生产方法的专利（Endo 等，2001）。这是一种利用活性炭（AC）纤维织物的制造方法，是被称为黄金电容器的电双层电容器产品线的早期基础模型。图 5.1（c）展示了将活性炭纤维用作可极化电极的实际纽扣电池芯的横截面视图（Endo 等，2001）。过去十年中，由于移动电话、笔记本电脑和较大型系统（如动力汽车）等设备需求量的不断增加，电双层电容器市场得到了显著发展。此外，这些环保装置（相比电池）对于可再生能源（对环保解决方案需求已经提高）等清洁能源技术更具吸引力。

5.3　电双层效应与装置构造

超级电容以与静电电容（板面积较大、板间距离较短使电容效能更高）相同的、相对简单的原理为基础。在超级电容中，电双层紧贴大面积电极形成，使电解质得到有效应用，因此这些装置在技术上被称为电双层电容器（EDLC）。

在此，有必要总结一下电化学（EC）电池与电化学电容器的区别。在电化学电容器中，实际上正极与负极电荷本质上是停留在一些二维板装置上。而在电化学电池中，电荷是直接存储的，且能够被基于感应电流过程的电极所容纳或者脱离，以在界面上转移电荷，包括氧化和还原。因此，在电容器和电池中，两种过程可按照非感应电流过程和感应电流过程来区分。

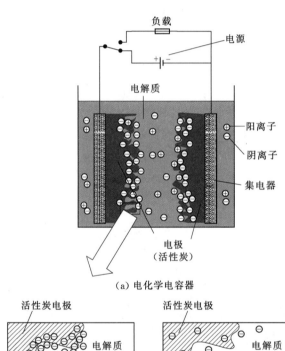

（a）电化学电容器

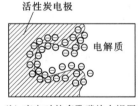

（b）充电时的多孔碳放大视图

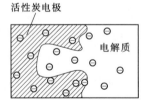

（c）放电时的多孔碳放大视图

图 5.2　在每个电极上由双层的电化学双层电容器的概念

图 5.2 描述了电化学双层电容器的基本概念，其中，在电解质内插入两个电极，可作为电化学双层电容器。如图 5.2（a）所示，当一个电源应用于由活性炭等大表面积材料制成的电极时（电极上连接集电器的位置），反向充电层可在电解质内贴合电极表面形成正极和负极电荷层。使用活性炭等多孔碳是考虑到其高导电性、低成本和在较大比表面积（SSA）（或较大表面积）条件下的高化学稳定性。对于图 5.2（a）所示的每个电极-电解质表面，大表面积都是由于气孔的分布构成的，形成如图 5.2（b）所示的大面积。

不同于通过还原与氧化（氧化还原）反应在化学物质种类之间，创造电子转移的方法来达到储能目的的电池，电化学双层电容器是以在电极-电解质表面上产生电荷分离为储能基础。图 5.3 描述了简化的电化学双层电容器构造示例，以说明多孔电极的行为。在给定的多孔材料粒子中，不同孔隙大小混合在一起，而这些随机分布的孔隙中的每一个都形成了电双层，可作为高表面积电容器简单示例。

图 5.4 给出了多孔电极示例横截面扩展视图，电极表面由分布着不同孔隙大小（PSD）的多径孔组成。根据孔径大小，可分成大孔、中孔和微孔等子类别，如图 5.3 所

示。这表明，一个活性炭类的多孔电极的有效表面积是可以非常大的，以便在每个电极上构建一个较大的电容器。为从数学角度预测多孔电极的行为，Levie（1963）研发出了基于固定半径圆柱表面的分析模型，即适用于多孔电极行为的输电线路模型（TLM）。图 5.4（a）改编自早期版本，以图文并茂的方式描绘了该近似模型，更多细节，请参阅有关参考文献（Itagaki 等，2007；Levie，1963）。为使商业装置达到高能量密度和功率密度，电极材料必须具备可用于离子电吸附的较大

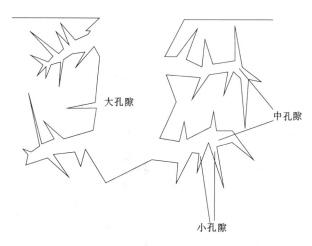

图 5.3　描述了宏观、内消旋和微孔隙的双层详细视图
改编自：Itagaki 等，2007。

比表面积、为达到所需的能量与电力特性组合而优化的孔隙大小分布、良好的导电性以及通过装置构造所用的电解质达到的润湿性。比表面积和孔隙大小分布通常被认为是控制电化学双层电容器的能量和功率密度的两个关键因素（Wei，Yushin，2012）。为进一步改善装置先进性，研究者将对活性炭、碳化物衍生碳（CDC）、沸石矿模板碳（ZTC）、碳纳米管（CNT）、碳洋葱、碳气凝胶和石墨烯等各种多孔碳材料，用作电化学双层电容器的电极材料进行了广泛研究（Wei，Yushin，2012）。其中，虽然碳化物衍生碳和沸石矿模

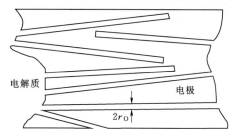

（a）Levie（1963）利用相同直径圆柱形研发输电线路模型（TLM）的多孔电极简化示例

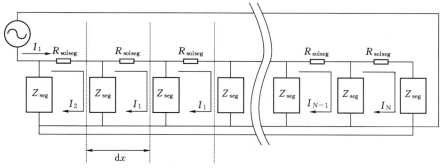

（b）多孔电极传输线路模型

图 5.4　可提供大比表面积（SSA）的多孔结构简化图
改编自：Itagaki 等，2007。

板碳可提供紧密的孔隙大小控制、高比表面积和电导率等，但这些技术目前尚未商业化（Wei，Yushin，2012）。

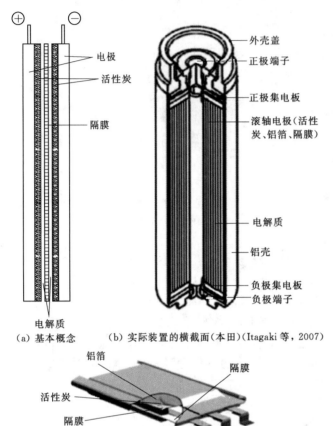

（a）基本概念　　（b）实际装置的横截面（本田）(Itagaki 等，2007)

（c）日本村田公司实际装置的横截面(http://www.murata.eu/
downloads/DMF-DMT_TechnicalGuide_MEED.pdf)

图 5.5　超级电容器的实际构造

实际上双层电容器由两个连接到集电器上的电极组成，并由浸泡在电解质中的隔膜分开，如图 5.5（A）所示。通过选择大比表面积型材料，如活性炭，提高了每克材料的电容。每个电极的内表面都不是光滑的表面，而是绵软的活性多孔碳，使表面积可达到普通静电电容器表面积的 100000 倍左右（Bakhourn，2009）。图 5.5（b）描绘了一个圆柱形超级电容器的实际构造（如本田汽车的超期电容器）(Itagaki 等，2007)。

5.3.1　电极材料

电极材料是能否达到高电容和其他重要电化学电容器属性的关键。基于电极的孔隙度，在其他属性中，高表面积是需要达到的基本标准。三种不同类型的超级电容器均可基于电极材料，即碳/碳、金属氧化物和导电聚合物。有机电解质碳/碳类装置非常常见。

活性炭：如上所述，虽然电极材料的选择有若干种类，但活性炭是超级电容器最常用的多孔碳类型。虽然有记录表明，早在公元前 1550 年在埃及曾使用过活性炭，但美国将活性炭投入工业生产是从 1913 年开始的（Wei，Yushin，2012）。目前，由于高表面积活性炭的制造技术已经成熟、易于大规模生产、成本相对较低且循环稳定性佳，几乎所有商业电化学双层电容器使用的都是高表面积活性炭。石油焦、沥青和煤炭是最常见的商业活性炭生产的前体，但化石燃料可用性的降低、全球能源需求量的日益增长，以及人们对化石燃料燃烧可产生环境影响的意识的提高，使人们开始利用可持续、可再生能源（如坚果壳、木材、淀粉、蔗糖、纤维素、玉米谷物、香蕉纤维、咖啡渣、蔗渣等）生产活性炭。表 5.1 中列出了所述原材料的成本和热解这些碳原料的碳产量（Wei，Yushin，2012）。表 5.1 中列出的可再生自然资源很可能将在未来的活性炭生产中占主导地位。

活性炭有不同种类，根据活性炭材料的加工工艺，其比表面积值各不相同。根据每种

表 5.1			原材料成本和热解天然产物取得活性炭（AC）的碳产量		
原材料	美元成本 /kg	碳产量（重量百分比） /%	原材料	美元成本 /kg	碳产量（重量百分比） /%
石油焦炭	1.4	90	马铃薯淀粉	1.0	45
木炭	1.2	90	蔗糖	0.25	<45
褐煤	0.75	50	纤维素	0.65	<45
椰子壳	0.25	30	玉米	0.25	<45
木材	0.8	25	香蕉纤维	4	<45

来源：Wei，Yushin，2012。

情况的加工工艺，同一家制造商生产的活性炭的比表面积值范围可在 $1200 \sim 2300 m^2/g$，电阻率值在 $0.4 \sim 3\Omega cm$ 范围内（Gamby 等，2001）。通常，这种性能变化取决于每种制造工艺的孔隙大小分布和材料的其他属性。在过去 25 年里，碳被证明是一种非常实用且成本较低的电极材料，因为碳：①具有化学稳定性；②易于加工；③物理和化学活化方法成熟；④操作温度范围适当；⑤实用且无任何黏合材料（Frackowiak，Béguin，2001）。根据 20 世纪 90 年代中期的研究，石油焦炭可提供 $2600 \sim 3100 m^2/g$ 的比表面积，基于椰子壳的活性炭可提供 $950 \sim 2100 m^2/g$ 的比表面积（Morimoto 等，1996）。截至本书定稿时，活性炭仍是最常用的商业电化学双层电容器电极材料。原材料和活化方法是可影响活性炭的最终结构和成本的两个最重要因素。例如，精煤等煤质变种是通过温和的煤炭热提取（无灰煤加工）获得的无灰煤，对活性炭的接受性非常高。Zhao 等（2014）讨论了利用 KOH 活化无灰煤实现比电容为 44F/g 左右（每克材料的电容）的 $2440/m^2$ 比表面积。

关于电极材料的最新研究，尤其着重于不同形式的活性炭、金属氧化物和导电聚合物。

石墨烯：由于碳材料可以满足电化学双层电容器电极要求，因此对于将活性炭（不同形式）、气凝胶、干凝胶、纳米管、纳米纤维、中间相炭微珠、膨胀石墨和有序中孔碳等各种碳质材料用作电极材料进行了广泛研究（Du 等，2010）。虽然活性炭的比表面积值始终很高，但由于孔隙大小分布（相比与孔隙大小有关的离子大小），所有可用表面积对于电化学双层电容器均不能有效使用。这仅仅是因为离子直接接触到电极表面，形成了 EDL。如果有任何微孔作用太小，无法与离子接触，则不会形成 EDL 而无法达成高电容（Du 等，2010）。

石墨烯是一种二维碳平面，厚度等同于一个原子的厚度。自 Geim 与其合作者发表了关于独立式石墨烯的论文（Novoselov 等，2004），由于具备机械硬度、导电性等具体的实用属性，石墨烯的制备、结构和属性引起了极大关注。这些属性使其适用范围非常广泛，包括场效应晶体管、吸附剂、锂离子电池和超级电容器。Du 等（2010）中讨论了大规模生产石墨烯纳米片，用作电化学双层电容器电极材料的可能性。

2010 年前后研发出了超高性能石墨烯基电化学双层电容器，表明 120Hz 线频成分过滤是可以实现的，而最有可能实现商业化的可用超级电容器则没有妥善实现（Miller 等，2011）。如 Miller 等（2011）中论述的，由于商业可用超级电容器时间常数值在 1s 左右，对于交流-直流转换器，这些电容器在过滤两倍线频成分方面的效率并不高。图 5.6（a）描述了在不同时间常数下，包括理想化的电容器在内的各种电容器的相角图实例。图 5.6（b）描述了石墨烯基电化学双层电容器研究（Miller 等，2011）中的相角性能，对比了商用 350F 电化学双层电容器。虽然商业电化学双层电容器 45°相位角出现在 0.15Hz 左右，但该 175F 石墨烯纳米片电容器可使电化学双层电容器在 15kHz 时达到 45°相角。关于该主题的更多细节，请参阅 Miller 等（2011）；有关该主题的基础知识，请参阅附录。

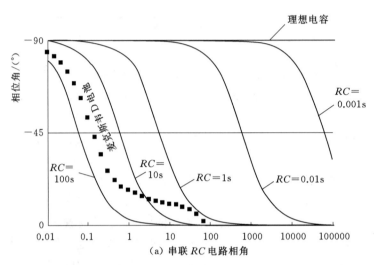

(a) 串联 RC 电路相角

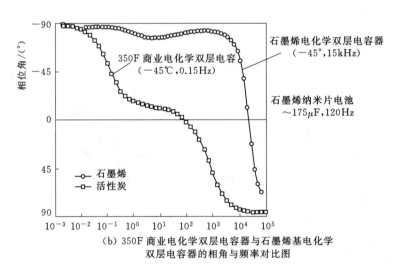

(b) 350F 商业电化学双层电容器与石墨烯基电化学
双层电容器的相角与频率对比图

图 5.6　电容器相角图和石墨烯基电化学双层电容器的活性炭线频过滤能力

来源：Miller 等，2011。

　　碳纳米管：通常，电化学双层电容器的等效串联电阻主要源自电极内的电接触电阻、溶液体相电阻和对碳微孔内的离子迁移电阻。为降低等效串联电阻，可利用已知碳纳米管的高导电性和化学稳定性，来降低等效串联电阻。这两种特性使碳纳米管成为理想的可提高电导率的电极添加剂。因此，目前正在进行一项研究，试图探索将碳纳米管作为适当的电化学双层电容器的电极增强材料（Huang 等，2008）。在这项工作中，Huang 等（2008）研发出了一种在聚丙烯腈（PAN）基活性炭纤维上培植碳纳米管的技术，以试图增强结构纤维线之间的电子导电性。对于碳纤维组装的电化学双层电容器，碳纳米管结合修正表明，可在双层形成过程中，显著增强电子和电解质离子的导电性。在该实验中，将聚丙烯腈基活性炭纤维用于形成厚度为 $0.4\sim0.6\text{mm}$、比表面积为 $1200\text{m}^2/\text{g}$、孔隙体积为 $0.59\text{cm}^3/\text{g}$ 的编织布。通过将镍作为催化剂，以促进碳纳米管在碳布上的生长，实现了接合活性炭电极的碳纳米管。图 5.7 基于奈奎斯特图，描述了该碳纳米管接合纤维与裸纤维进行了对比。

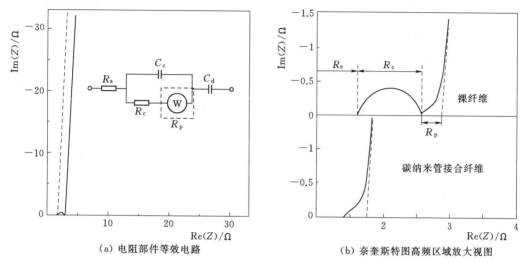

（a）电阻部件等效电路　　　　　（b）奈奎斯特图高频区域放大视图

图 5.7　基于奈奎斯特图，对碳纳米管接合纤维与裸纤维（10mHz～100kHz）的对比

R_s—离子迁移电阻；R_c—电接触电阻；R_p—分布式孔隙电阻

来源：Huang 等，2008。

—— 裸纤维　　---- 碳纳米管接合纤维

最近，由于小型化电化学双层电容器的尺寸和能量密度比较适合，所以有提议将其用于对微电子化学系统进行供电。Liu 等（2011）和 Sung 等（2006）提供了适合微机电系统的微型电容器和灵活的微型超级电容器的细节资料，其 Liu 等（2011）工作是基于碳纳米管完成的。图 5.8 介绍了 Sung 等（2006）的工作。该全聚合电池可制成任何形状，并可抵抗由于弯曲等造成的电容改变。关于超级电容器电极材料，Zheng 等（2014）介绍了其在多孔石墨烯和活性炭复合材料（高存储密度、大表面积）方面最新的工作进展。

金属氧化物：过渡金属氧化物，如铁、铜、镍、锰、铜和二氧化钌等氧化物电极材料，可提供丰富的电化学氧化还原反应，如在电化学电池中为超级电容器提供高比电容值。在这些情况下，电化学双层效应通过法拉第法相结合（类似于电池中的反应），这种称为赝电容（法拉第准电容）的附加效应，将在下文中进行论述。迄今为止，钌氧化物（RuO_2）是公认的一种优秀的比电容高、可逆性好的材料。然而，该金属氧化物价格昂贵，且有毒性，而目前，对于环保型金属氧化物的研究仍在进行中。目前，正在研究将

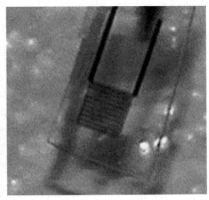

图 5.8　灵活的微型超级电容器

来源：Sung 等，2006。

氧化铝等过渡金属氧化物使用于超级电容器中（Dubal 等，2013）。近期，由于氧化铜基超级电容器在电容、环保、电化学性能和成本方面均较有优势，引起了极大关注（Dubal 等，2013）。如需详细了解，请参见有关参考文献（Dubal 等，2013）。

此外，Sankapal 等（2014）中还论述了另一种新方法，即在多壁碳纳米管（MWNT）壁上使用二氧化钛纳米点，以研究将二氧化钛/多壁碳纳米管纳米复合材料用于电极。似乎是在过往许多对于制造不同金属氧化物/多壁纳米管复合材料的尝试基础上，取得了进一步的发展。世界研究人员研发的其他复合材料还包括：二氧化锰/多壁碳纳米管、二氧化锡/多壁碳纳米管、五氧化二钒/多壁碳纳米管（Zhao 等，2014）。在这些尝试中，将赝电容和静电电容效应相结合，以取得整体高值电容。对二氧化钛的新关注主要是由于其稳定性较高、丰富性高、较安全且环保性好。报告表明，二氧化钛/多壁碳纳米管免黏合剂方法中，电容产量可达到 329F/g，且工业制造中的面积可扩展性似乎是可行的（Sankapal 等，2014）。

导电聚合物：电子导电聚合物（ECP）在实现高性能超级电容器方面是备受青睐的材料。导电聚合物，如聚吡咯、聚苯胺、聚噻吩、聚吲哚等，都是典型的基于法拉第法（称为赝电容）制造超级电容器标准材料。尤其从易于制造和灵活性角度，导电聚合物特别适合（Ramya 等，2013）。在使用导电聚合物的情况下，掺杂流程可促进电荷储存能力。

如同双层活性炭，由于电子导电聚合物的充电过程涉及整个聚合物，而不仅仅是在表面，且在带电状态下其导电率较高，因此具有高比电容的特点。此外，其充放电过程通常较快。这些特性有助于低等效串联电阻和高比能、高比功率装置的研发。在电荷存储容量和能否胜过双层碳超级电容器的电池电压方面，最为看好的聚合物超级电容器配置是 n/p 型，即：将 n-掺杂聚合物和 p-掺杂聚合物，分别用作负极和正极（Mastragostino 等，2002）。然而，要实现该配置并不容易，困难主要在于 n-掺杂过程。聚合物基超级电容器的充放电过程是感应电流过程，而对于 n/p 装置，发生在聚合物电极的 n-掺杂-去掺杂与 p-掺杂-去掺杂过程电势所固定的电池芯电势范围内。根据 Mastragostino 等（2002）中提供的详细介绍，将噻吩基聚合物材料用于这些过程，p-掺杂比电容量值可达到 95～220F/g，n-掺杂比容量值可达到 80～165F/g。

碳纳米管和导电聚合物复合材料的制备，可以通过化学合成、预制碳纳米管电极上的电化学沉积，或电化学共沉积来实现。这些复合材料可将导电聚合物的大赝电容与快速充电/放电双层电容及优良的碳纳米管力学性能相结合。如需了解更多细节，请参见 Peng 等（2008）的综述论文。

5.3.2 电解质

在活性炭电极电化学双层电容器中使用了不同类型的电解质：①有机［最常见的无水乙腈（AN）或碳酸丙烯酯（PC）溶剂四乙基四氟硼酸铵（TEATFB）盐溶液］；②水性（酸、碱、盐溶液）；③离子液体（IL）。通常，水性电解质在对称电化学双层电容器 0.6～1.0V 内具有稳定性，有机电解质在 2.2～2.9V 内稳定，离子液体在 2.6～4.0V 内稳定。

有机电解质：有机电解质基电化学双层电容器可达到超过 5000000 次循环寿命和大小适中的运行电压。这些电容器可在 −30～50℃ 温度窗口下运行（使用乙腈溶剂），应用于大多数商业活性炭电极装置中。但由于有机溶剂蒸气压高，因此这种电容器似乎也存在高易燃性和潜在爆炸危险。目前，最实用的装置是基于有机电解质的装置。Morimoto 等（1996）提供了一些有关利用碳酸丙烯酯溶液作为内存备份用途的早期纽扣电池型电容器的详细资料。这些早期的纽扣电池装置逐步实现了高达 0.5F 的电容值（等效串联电阻值为 10～20Ω）。基于同样的方法，还实现了基本阳极-阴极对叠加层、电容为 4700F 的电力电容器。在大多数商业应用级别的超级电容器中，乙腈（AN）广泛被用作电解质溶剂，含有四氟硼酸四乙胺（$Et_4N^+BF_4$）等游离盐。这种组合的主要优势是黏度低，从而使电导率较高，但可惜的是，挥发性太大且易燃。相比水性电解质，有机电解质可提供更大的电势窗口，但热稳定性低、易燃、有毒性，从而限制了在高性能超级电容器中的使用。

水溶液电解质：使用水溶液电解质的优势是其非常低廉的成本及其高离子导电性。但同时水溶液电解质具有非常明显的劣势，包括其最大应用电压较低，和在较高电压和温度下被观测到电化学双层电容器电极的腐蚀现象（特别是对于酸基电解质，如硫酸溶液），这些劣势限制了其使用寿命和电化学双层电容器的寿命周期。水溶液电解质材料的潜力主要在大容量存储能力上。

离子液体：离子液体是室温熔融盐，完全由阳离子和阴离子组成，其天然属性可影响化学/电化学和物理属性。尤其，阳离子可限制负电位窗口，阴离子可影响正电位窗口以及熔点，进而影响工作温度范围。通常，离子液体的蒸汽压非常低、热稳定性高、电化学窗口宽，且在 60℃ 以上导电性良好，因而适合动力汽车等用途所需的超级电容器（Arbizzani 等，2007）。由于乙腈（燃烧时可释放毒性元素）或 γ-丁内酯（黏性更强、重量更大、分离效果更低）等有机电解质常用溶剂的问题，目前正在研究将室温离子液体用作有机电解质的替代品（Abdallah 等，2012）。

离子液体的高电压稳定性使其可用于高能量密度离子液体基电化学双层电容器。此外，离子液体具有不易燃烧、不易挥发和无毒性的特点，对于许多移动应用来说是很重要的属性，包括可用于混合动力发动机（Wei，Yushin，2012）。离子液体的严重缺点在于其成本高（往往非常高），且在室温下的离子迁移率通常又较低。有关更多细节，请参阅Wei 和 Yushin（2012）的文章及其引用文献。Paulo 等（2014）中提供了基于还原石墨烯氧化物电极和离子液体电解质的超级电容器的报告，报告中表明其具备 3V 电化学稳定性，比电容为 71F/g。在 2007 年的报告中，提出了 PYR14TFSI 离子液体比电容值为60F/g 的碳-碳（两个电极均为活性炭）电极，其在 60℃下的最大潜在电压为 4.5V，且高达 40000 次循环的等效串联电阻没有任何退化现象（Balducci 等，2007）。最近的工作中，将石墨烯纳米片（GNS）与离子液体相结合，使比电容范围达到 114F/g（Kim，Kim，2014）。

5.3.3 研究方向总结：电极和电解质

表 5.2 按照第 1 章中的引用文献总结了研究成果，并基于全球电化学家的工作成果，对比了比电容、最大电压和循环寿命。重要的是，要注意比电容取决于扫描速率，而表中信息可能表示比功率达到了最高水平。

表 5.2 　　　　　2004—2014 年研究工作中关于超级电容器的研究成果总结

电　极	电解质	比表面积（SSA）	比电容/(F/g)	最大电压	测试循环次数	参考来源
碳-碳	离子液体（$PYR_{14}TFSI$）	1428	90	3.5	40000	Balducci 等，2007
$SFG_6 - SFG_6$	$LiPF_6/EC+DMC$		14.5	4.5	1000	Prabaharan，Michael，2004
碳布	H_2SO_4	2500	230~485	1.15		Niu 等，2006
$MnO_2 NPs - Fe_3O_4 NPs$	K_2SO_4 溶液		21.5	1.8	5000	Aiguo 等，2009a
GNS/IL	KOH		114		3000	Kim，Kim，2014
活性炭	KOH		265	1	10000	Xianzhong 等，2012
活性炭	$LiSO_4$		210	1.6	10000	Xianzhong 等，2012

虽然早期研究集中于通过表面调整（Fang 等，2006；Prabaharan 等，2006）、使电压能力达到 4V（Prabaharan，Michael，2004）以及利用碳布等高比表面积材料（Niu 等，2006）来提高碳材料的属性，但对于另一前端应用，即：碳纳米管、气凝胶、干凝胶和纳米多孔碳材料等（Chang 等，2013；Du，Pan，2006；Fang，Binder，2006；Nasibi 等，2013）也进行了研究。2010 年之后，对于将石墨烯、石墨烯氧化物和石墨烯纳米片与金属氧化物相结合进行了研究（Gund 等，2013；Kim，Kim，2014；Zhang 等，2014），以加强性能并利用赝电容效应。

目前，主要根据超级电容器的储能形式，其整体研究可分为两个主要领域，即氧化还原超级电容器（赝电容器）和电化学双层电容器。

基于交流电的装置制造：虽然电容器的制造旨在达到 100 万以上的充-放电寿命循环次数，但制造成本也是很重要的考量标准之一。虽然许多新型电极材料和电解质已经投入研究，但行业仍倾向于使用廉价材料（如活性炭）来制造乙腈基有机电解质电极。在过去十年里，出现了一种标准配置：铝接触箔［以活性炭涂覆两侧（Pandolfo，Hollenkamp，

2006)]、有机电解质和隔膜（如纸）。在此，我们重点介绍乙腈（AN）四乙基四氟硼酸铵（TEA＋TFB－），该材料具有导电性高（即使在低温下）的优点。该电极不仅包含活性炭，还包含高分子黏结剂，以简化铝箔涂层，并且包含导电添加剂，通常为炭黑，以增强活性炭粒子之间的电连通性。电化学双层电容器具有短"老化"阶段，其间，电特性变化显著；但非常快速（几个小时到几天）。很明显，碳基超级电容器的最终性能与碳电极的物理、化学特性关系密切。Pandolfo，Hollenkamp（2006）总结了活性炭属性及其在电化学双层电容器中的作用。Bittner 等（2012）论述了电化学双层电容器的老化。Celzard 等（2002）论述了孔隙结构对串联电阻的影响。据发现，微孔碳有助于开发高电容慢速充-放电，而介孔碳有助于实现有机电解质高速率装置（Wang 等，2007）。

在实际装置中，隔膜材料特性可影响串联和并联电阻频率的大小，电容频率的大小、时间常量、能量和功率密度。孔隙大小分布、隔膜的厚度和比表面积是装置性能的重要参数，有关研究发现，请参阅有关参考文献（Tonurist 等，2013；Tonurist 等，2009）。

5.4 赝电容和赝电容器

在此之前论述的电化学双层电容中，实际正电荷（单板电子不足）和负电荷（其他板面上的过剩电子）由大面积材料分离开，以达到非常高的电容和较长的寿命循环。相比电极表面上发生氧化还原反应（或感应电流过程）的电池，这些装置类似于静电电容器，板间使用了介电隔膜。如 Burke（2000）所述，电容 dQ/dU 在这种情况下是独立于电压的相对恒定值。

在双层电容器发展的同时，Conway 等（1997）研发出了另一种称为赝电容器的大型电容器，其中，由反应及所诱发的电荷转移产生的感应电流可形成赝电容。一般来说，该电容无法测量，但可作为电容使用，且电容值与电压关联。然而，有许多金属氧化物基赝电容材料具有恒定的电容和变化的电压（Ruiz 等，2013）。

当感应电流电荷转移过程使电荷流经范围 q 因热力学原因而取决于电位〔不同于可产生金属/金属离子平衡等奇数（理想情况下）恒定电极电位的理想 Nemstian 过程（独立于反应过程）〕时，则可产生赝电容。请参见以下关于赝电容的过程示例：

（1）吸附原子基质在电极表面上的二维沉淀（所谓低于电位的沉淀），例如：铂上沉淀的氢或铜，金上沉淀的铅，金上沉淀的铋，银上沉淀的铋，铑或铂上沉淀的氢。

（2）液体溶质或固体溶质溶液中的氧化还原反应，电极电势为被转化成氧化剂（或相反过程）的还原剂比率对数的函数。

（3）在某些情况下，关于所谓的电吸附化合价，随着依赖电位的部分感应电流电子电荷转移，电极界面阴离子可产生化学吸附作用。通常，在非感应电流双层充电与感应电流表面过程之间可形成耦合（Conway 等，1997）。关于这些装置的电化学性，可参阅有关参考文献（Conway 等，1997；Conway，1990）。通常，虽然基于非感应电流过程的电化学双层电容器可提供 $20 \sim 50 mF/cm^2$ 的比电容（由于使用达比表面积材料，因此可有效供应大电容装置），但基于赝电容的感应电流过程装置可提供 $200 \sim 500 mF/cm^2$ 的比电容范围，且对于多态重叠过程，可达到约 2000mF/cm² 比电容（Conway，Pell，2003）。这些装置对混合动力装置的发展具有促进作用。

5.5 电化学电容器和充电电池的杂化

充电电池通常具有比功率低、比能量高的特点，而非可充电电池适用于电化学电容器。同样，许多不同的用途都对电源可提供的功率谱有不同的要求。因此，显然，单系统无法满足不同用途的需求。能够满足更多用途需求的高能量-高功率装置备受青睐。在这方面，人们在过去的几十年里尝试了不同方法，探求以相同系统达到高能量、高功率的目标。为将电化学电容器的高比功率与电池的高比能量集于一体，其中一种方法是将电化学电容器与可再充电池相结合。

电化学电容器具有比功率高的特点，通常高于 10kW/kg，但比能量值低，不足 10W·h/kg。目前，在工业产品中，锂离子等充电电池可提供高于 250W·h/kg 的比能量（Cericola 等，2011）。然而，其特点是比功率低，如 1kW/kg。在电化学电池中，活性材料的整个体积用于电荷存储，因此，电池的比能量远高于电化学双层电容器（Cericola等，2011）。但是，电池的放电速率通常受到大量活性材料固态扩散的限制，由于本质上是缓慢的，因此电池的比功率明显低于电化学双层电容器。

锂离子电池和电化学双层电容器在技术层面是相似的。目前正在使用的这两种系统采用的都是非质子有机电解质，且各自电极的充电过程的电位范围也基本相似。对于两种系统的实际结合，这些都是重要的考虑事项。

原则上，可采用不同的方法来实现电化学电容器与充电电池的结合。一般现成的电池和电化学电容器可以采用外部硬线进行串联或并联。

同样，在同一装置内的内部电平上，可推荐相似的方法，将内部串联或内部并联相结合。在这四种可应用的方法中，根据可用科学文献，只有两种得到广泛应用（Cericola 等，2011）。

过去几十年里，多位作者都曾提出将电化学电容器与可再充电池的结合（Cericola，Kötz，2012）。其中，讨论了许多利用不同材料的不同方法，但均未能就电化学混合能量储能装置给出明确的定义。图 5.9 给出了关于可行电化学电容器-可再充电池混合系统的一种简单的分类。将现成可用电化学电容器与现成可用可再充电池的硬线连接定义为"外部混合"。

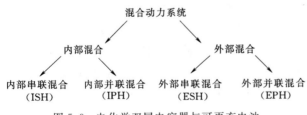

图 5.9 电化学双层电容器与可再充电池
的混合方法（Cericola，Kötz，2012）

可将"外部混合"串联，使电化学电容器与电池串联，形成"外部串联混合"装置，或者也可以并联，形成"外部并联混合"装置。

内部电平上，也可以考虑类似的混合方式。这种情况下，"内部混合"装置可通过在电极电平上混合来实现。因此，基于电池电极和电化学电容器电极的装置可定义为"内部串联混合"。这几种系统最初被命名为不对称电化学电容器，简称非对称电容器，由 Ra-zumov 等（2001）首次提出。埃文斯电容器公司推出混合电容器并注册商标，将电解电容器描述为赝电容负极（Razumov 等，2001）。"锂离子电容器"这个名字有时简称为"锂电容器"，用于描述将石墨负极和活性炭基正极相结合，并使用电解质中含有 Li^+ 的装置。但目前，科学文献在描述各种内部混合时，对于这些命名以及其他命名的使用往往不够严谨。图 5.10 描述了两种装置的串联和并联的可能性。如图 5.10 所示，关于混合的优势，可以通过检验两种电路来比较。电路中的两个装置是理想化了的实际电池或电化学电容器，或其中的一个电极。图 5.10（a）中，装置 1 和装置 2 串联；图 5.10（b）中，两个装置并联。两个装置都可以以某一电容 C、电阻 R 和质量 m 来描述。比率 r 定义为装置 2 的比电容与装置 1 的比电容之比，其中，$r=(C_2/m_2)/(C_1/m_1)$。在该示例中，装置 1 的比电容始终小于或等于装置 2。在给定的电容和电阻数值集下，两个电路均可以简化成等效 RC 电路，其中，能量和功率可分别由 $E=1/2C_{tot}U^2$ 和 $P=U^2/4R_{tot}$ 来推算。当 C_{tot} 和 R_{tot} 为总电容和等效电路的总电阻时，U 是应用于等效电路的电压。以此计算出的能量 E 和功率 P 可按照与两个装置相应的电路［图 5.10（a）或（b）］的质量进行标准化。图 5.10 描述了比功率和比能量变化与质量之比 m_r，其中，$m_r=m_1/m_1+m_2$。

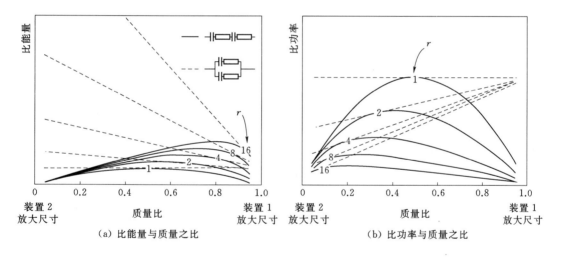

图 5.10　混合动力装置的比能量和比功率

来源：Cericola，Kötz，2012。

Cericola 等（2011）描述了混合动力装置示例，试图使用钛酸锂和锂锰氧化物等锂离子电池电极材料（请参阅第 3 章论述）；Cericola 和 Kötz（2012）根据 2011 年之前的研究文献，提供了对混合动力装置基础的绝妙总结，并将二氧化锰、镍基、铅基、各种金属氧化物和锂插入材料等各种电极材料进行了对比。

按照 Cericola 和 Kötz（2012）的总结评论，以下几条终结了几项究中论述的复杂问题：

（1）在高电流脉冲型充/放电循环系统中，外部并联法对电池（仅电池）有益。

（2）使用附加电路可以提高外部直接并联系统的性能。

（3）通过内部串联混合实现高于电化学电容器的装置比能，且通常是其容量的两倍。由于降低了荷电状态，电池电极的寿命循环和功率容量都要高于完整的电池。

（4）使用电池电极替换电容器电极，通常可提高电池电压（这使得超过 4V 的实际产品得以上市）。电解质耗竭是一个亟待解决的问题。

（5）内部并联混合是一种备受青睐的方法，采用这种方法装置的比能量和功率达到适度，从而使得装置具有良好的可调性。

Sikha 和 Popov（2004）、Pmar 等（2010）、Catherino 等（2006）提供了对外部型电池-电容器混合系统及其对于动力汽车等用途的适用性的详细论述。Pasquier 等（2004）和 Michael、Prabaharan（2004）针对将锂电极与电化学双层电容器相结合以提高电压能力的早期工作，提供了一些详细介绍。

5.6 建模和等效电路

迄今为止，各种论述中提供了超级电容器的发展背景，和适用于电化学双层电容器的电化学基本原理。这些装置的应用需要适用于设计计算的简化模型、给定用途的范围评估，以及最重要的一点——日历和循环寿命。第 3 章中，我们讨论了可再充电池化学简化模型的电化学为基础的概念。除了感应电流反应或氧化还原反应在常用商业装置中应用较少外，几乎所有这些概念也都适用于电化学双层电容器。赝电容器是个例外，其有限的氧化还原反应用于实现高比电容值。Zhang、Zhao（2009），Sharma、Bhatti（2010）和 Sevilla、Mokaya（2014）提供了对先进超级电容器的电流状态的概述，其中表明，碳基材料在商业装置中占主要地位。

由于传统电容器的电荷存储区域有限，加上两个带电板间距的几何束缚，使其能量存储能力低。但基于电化学双层机制的超级电容器的界面面积和电荷分离距离的原子范围大，因此可存储量显著较高。如图 5.11（a）所示，电化学双层的概念最初是由 von Helmholtz 于 19 世纪描述并建模的，当时，他研究了胶体粒子界面上相反电荷的分

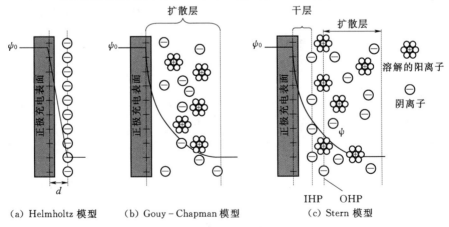

（a）Helmholtz 模型   （b）Gouy - Chapman 模型   （c）Stern 模型

图 5.11 带正电荷表面上的电双层物理模型

布（Sharma，Bhatti，2010）。如图5.11（a）所示，Helmholtz双电层模型表明，电极/电解质界面上形成了两个相反电荷电极，并由原子距离分离。这种双层可以视为一个分子电容器，其中一个板表示为溶液中最小距离的金属电荷，另一个表示为离子。由于间距仅有0.5nm，所以电容值是巨大的。这个简单的模型仅在高浓度电解质溶液中是有效的。在这个简单的模型中，双层充电枯竭。

在更稀释的溶液中，过渡将不会如此突然，且双电层的厚度会增大，如图5.11（b）所示。厚度与金属表面的间距有关，该表面上的离子可通过热运动游离至本体。在这种情况下，反离子环境将会更类似于单个离子周围的离子环境，通常称为扩散电层。Guoy和Chapman为解释这种情况，对简单的Helmholtz电化学双层模型做了进一步修正（Sharma，Bhatti，2010）。将Gouy与Chapman的理论结合之后，对双层与本体溶液之间的反离子的更换进行了一定的考量。因此，库仑力和热运动均可影响为达到扩散双层而形成的反离子在模型内的平衡分布，如图5.11（b）所示。但Gouy-Chapman模型高估了电化学双层电容。关于其理论性假设的论述，请参阅有关参考文献（Grimnes，Martinsen，2008）。

1923年后期，Stern将这两个模型结合在一起，明确了离子分布的两个区域——内部区域，称为致密层，或称Stern层，和扩散层，或称Gouy-Chapman层（Grimnes，Martinsen，2008；Sevilla，Mokaya，2014；Sharma，Bhatti，2010）。图5.11（c）描述了该情况。内部Helmholtz平面和外部Helmholtz平面用于区分两种被吸附的离子。电化学双层的电容C_{dl}可视为两个区域（Stern型致密双层电容C_H和扩散双层电容C_{diff}）之和。因此，有以下简单关系，即

$$\frac{1}{C_{dl}} = \frac{1}{C_H} + \frac{1}{C_{diff}} \qquad (5.1)$$

在实际电化学双层电容器中，电极使用的是大比表面积的多孔材料，且多孔电极上的电化学双层行为远比图5.11所示模型中假设的无限平面电极复杂得多。这种行为在很大程度上受到质量传递路径、孔隙内空间限制、关于电解质的欧姆电阻以及多孔电极润湿行为等许多参数的影响。图5.12描述了由两个集电器和隔膜与多孔电极材料所吸附电解质组成的实际电化学双层电容器的行为。通常，根据以下给定C值并联板电容器来估算电容：

$$C = \frac{\varepsilon_r \varepsilon_0}{d} A \qquad (5.2)$$

式中：ε_r为电解质的介电常数；ε_0为真空介电常数；A为电解质离子可用表面积；d为电化学双层的有效厚度，又称为德拜长度（Grimnes，Martinsen，2008）。

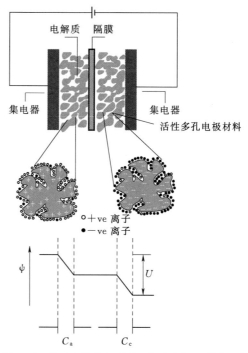

图5.12　基于多孔电极材料（每个电极上形成两个独立的电容器）的电化学双层电容器示意图
改编自：Zhang，Zhao，2009。

根据式（5.2），比电容和比表面积之间应当存在线性关系。然而，Sharma 和 Bhatti（2010）论述的实验结果表明，这种假设是不准确的，且这些新的实验发现无法完全由电化学双层理论来解释。

如图 5.12 所示，借助电化学双层电容器中的两个电极，我们可以实现分别基于阳极和阴极电容 C_a 和 C_c 的整体电容 C_T，形成该关系：

$$\frac{1}{C_T} = \frac{1}{C_a} + \frac{1}{C_c} \tag{5.3}$$

商用超级电容器的性能主要是根据以下六个重要标准来评估的：①电池的功率密度是否明显大于具备可接受的高能量密度（通常大于 $10W \cdot h/kg$）；②是否具备非常高的寿命循环（比电池高 100 倍以上）；③是否达到数秒内快速充电/放电过程；④是否具备低自放电率；⑤能否安全运行；⑥是否达到低成本。如图 5.12 所示的简化 RC 等效电路，两个电极的等效电路分别反映出等效串联电阻（R_s），且终端电压确定了功率密度。阳极和阴极泄漏电阻 R_{Fa} 和 R_{Fc} 分别导致自放电。为达到具备快速电荷转移（充放电）的能力，该装置的 R_sC_T 时间常数应尽可能减小。由于超级电容器的电容是巨大的，因此 R_s 值应是极其小的。然而，当前商业超级电容器的等效串联电阻值范围在 $0.1m\Omega$ 至几毫欧姆之间。

根据用途可以使用带有多种复杂性的不同类型的等效电路。最简单的等效串联电阻类型和串联电容可假定为一个常数电容（独立于电压），且等效串联电阻也为常数。然而，实验行为和测量结果表明，这只是一个非常近似的值，它忽略了泄漏问题。图 5.12 所示的简化版等效电路忽略了 R_{Fa} 值和 R_{Fc} 值，而按照式（5.3），使用了等效串联电阻值和总电容 C_T。

需要了解的是，简化但独立的基于电极的等效电路是整体理论模型的一个主要简化部分，可基于图 5.13 所示理论模型，用于描述多孔电极及其行为。图 5.13（a）展示了两个集电器、两个电极和多孔隔膜的简化布置，图 5.13（b）展示了完整系统的最终分布模型。请参阅图 5.11 所示的各种模型。

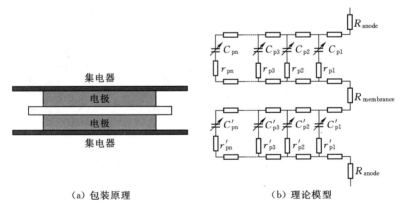

（a）包装原理　　　　　　　　　　（b）理论模型

图 5.13　超级电容器的包装原理和详细的等效电路

来源：Belhachemi 等。

图 5.13 所反映出的不同电阻取决于许多参数，如电极材料的电阻率、孔隙大小、隔膜孔隙度、包装技术（浸渍和收集器材料的电阻率）。有关更多详细论述，请参阅有关参

考文献（Belhachemi 等）。如图 5.4（b）论述，这与多孔电极的输电线路模型直接相关。然而，在使用超级电容器来设计电路时，其复杂性太大，难以处理。那么，我们可以将其简单地划分成基于两个 RC 部分或三个 RC 部分的不同模型，以取得更加准确的计算结果。文献中介绍了许多基于孔隙模型和含自放电模型等的不同的复杂模型。图 5.14 根据 Belhachemi 等、Yasser 等（2008）和 Lisheng、Crow（2008）的论述，介绍了几种应供广泛且论述较多的模型。

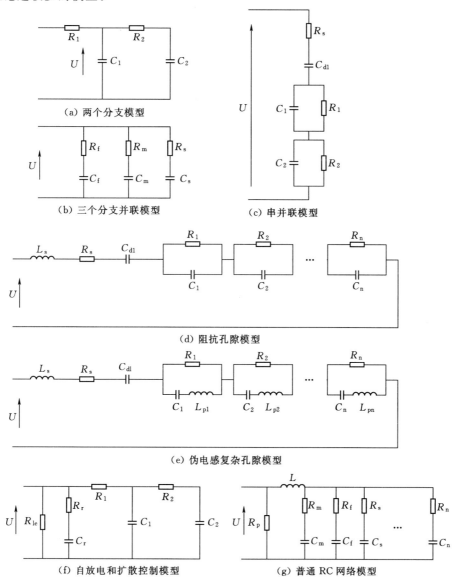

图 5.14　超级电容器的不同模型

对超级电容器的实际观察表明，通常情况下，几乎所有重要参数，如等效串联电阻、电容、漏电，都取决于电压、电流和温度。图 5.15 描述了等效串联电阻的电容和电流与电压下的电容。

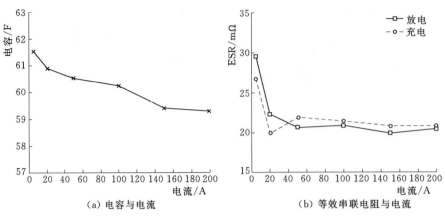

(a) 电容与电流　　　　　　　　(b) 等效串联电阻与电流

图 5.15　商业超级电容器系列的电容和等效串联电阻变化

来源：Yang 等，2000。

鉴于上述情况，有许多出版物论述了这些决定因素的不同方面，以及基于测量方法与荷电状态的电容器值的差异。Yang 等（2010）、Kurzweil 等（2005）、Spyker 和 Nelms（2000）、Nelms 和 Cahela（1999）就这些方面提供了一种有价值的论述。

以设计为目的、有价值的实用模型包括两个或三个分支串联模型和压敏阶梯式模型。通常，图 5.16 展示了一种通用模型，该模型可简化成我们所论述的多种不同形式，且模型可受到充、放电时间的影响（Lajnef 等，2007）。

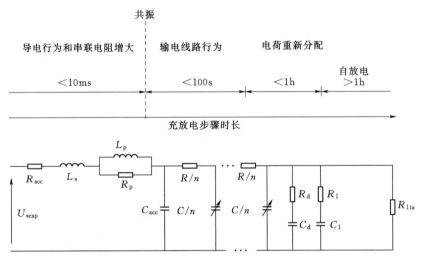

图 5.16　超级电容器的广义模型及其运行时间和状态

来源：Lajnef 等，2007。

5.7　测试装置和表征

应用于超级电容器的表征方法并不标准，很难将实验室测试结果与制造商结果作对比。目前，国际标准并不多，只有一套 IEC 标准（IEC － 40/1378/DIN IEC62391 － 1，

2004；IEC－40/1379/DIN IEC62391－2，2004）。大多数超级电容器参数依赖于环境温度、电流强度、频率和电压等参数。因此，必须达到可靠的可再生实验结果。本节描述了一些用于超级电容器参数评估的技术。一些方法主要用于实验室电化学研究，另外一些用于工业环境。

5.7.1 充放电方法

充放电方法是测量电容和等效串联电阻的常用方法之一。该过程中，将超级电容器以恒流放电或充电，并使用固态负载进行测试。在该测试中，将电容器简化为一个单一的 RC 时间常数装置，并对装置进行恒流充放电，以对其电压变化进行监测。图 5.17（a）表明，流通超级电容器的电压最初保持在额定电压 U_R 上，并持续 1h，然后装置以恒流 I 放电。根据图 5.17（a）所示线性关系 $C=I\Delta t_c/\Delta U_c$，在（0.8～0.4）U_R 电压值范围内的恒流放电过程中，通过估算确定了电容 C。图 5.17 中的虚线部分展示了现行放电，而根据连续痕迹，实际行为为非线性。

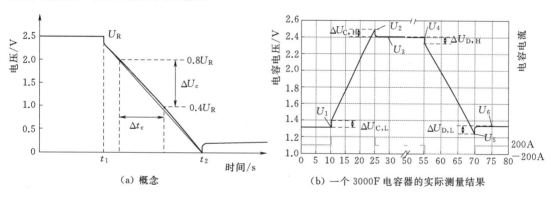

（a）概念　　　　　　　　（b）一个 3000F 电容器的实际测量结果

图 5.17　充放电方法

改编自：Lajnef 等，2007。

图 5.17（b）所示是一个 3000F 的超级电容器以 200A 恒流充、放电的曲线。按照图 5.17（b）所示，通过电压在充电 $\Delta U_{C,L}$ 开始时、充电结束时 $\Delta U_{C,H}$、放电开始时 $\Delta U_{D,H}$ 或放电结束时 $\Delta U_{D,L}$ 的突然变化（ΔU），获得了等效串联电阻的测量结果。对于恒定充电或放电电流 I，由 $\Delta U/I$ 得到了等效串联电阻值。

据文献中报告介绍，通过充-放电测试获得的这些值在很大程度上依赖于测试中使用的电流值。改编自 Lajnef 等（2007）的图 5.15，说明了这一点。

5.7.2 恒功率测试

通常，恒功率测试常用于储电装置的特性说明。在这些测试中，图 5.18 所示固态负载可通过将其运行模式设置为恒功率模式来使用。对于超级电容器，为测量元件可提供的作为放电功率函数的比能量，在两个电压极限 U_{nom} 和 $U_{nom}/$

图 5.18　可用于恒功率装置的固态负载

2 之间，通过该实验过程，以恒功率给元件放电。如 Pell 和 Conway（1996）的详细介绍，相应的结果可以用著名的 Ragone 图进行图表报告（Christen，Carlen，2000），其中，x 轴和 y 轴分别表示比功率（kW/kg）和比能量（W·h/kg）。

图 5.19 所示是通过一个 2600F/2.5V 电池获得的能量比较图，测试者以 800A 的最大电流能力来限定其比功率。然后，根据公式（5.4）插入并推算了实验点，其中，P 表示功率、R 表示串联电阻、C 表示额定电容（Christen，Carlen，2000）。

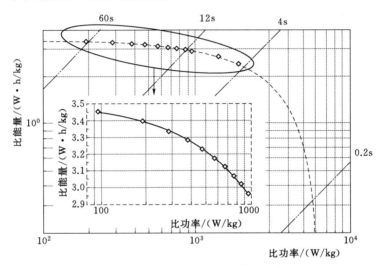

图 5.19　2600F 电容器的能量比较图

$$E_c(p) = \frac{C}{2}\left[RP \ln\left(\frac{RP}{U_0^2}\right) + U_0^2 - RP \right] \tag{5.4}$$

5.7.3　阻抗光谱学

第 3 章中总结的电化学阻抗谱（EIS）通常用于能量超级电容器存储装置电化学行为的表征（Karden 等，2002；Qu，Shi，1998）。为描述一个超级电容器，必须以各种电压、电平以及不同温度进行频率扫描。借助电化学阻抗谱，频率对电极串联电阻和比电容的影响的研究得以进行。以下是对测试过程的总结。

以直流电压将超级电容器极化。直流分量上叠加了一个微小的电压脉冲波（通常为 10mV）。脉冲波频率在 1mHz 至 10kHz 之间。在注入的电压条件下，电流振幅和相位的测量结果能够确定阻抗（作为频率函数）的实部和虚部（Buller 等，2002）。测量通常在可控的气候室内执行。图 5.20 所示是通过一个 1400F/2.5V 电容器测得的阻抗谱的奈奎斯特图（以复平面表示）。

电气和电子工程师协会（IEEE）授权使用（Buller 等，2002）。

5.7.4　循环伏安法

该技术中，将测试装置置于以固定速率逐渐升压（如 10mV/s 左右）的条件下，并测量相应装置的电流。通过该测试获得的示意图在装置发展的各阶段经常使用。得出的示意图成为伏安图。

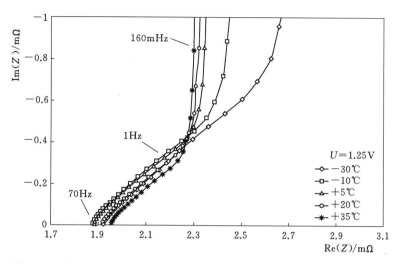

图 5.20　通过一个 1400F/2.5V 超级电容器测得的阻抗谱的复平面示意图

该测试对于确认电容行为是非常实用的，可用于研究充、放电过程之间的对称性研究，以及确定装置的电位极限。该测试涵盖两个极限值 U_1 和 U_2 之间的线性电压变化范围。如果通过与内部电阻器 R_s 串联的恒定电容器 C 对超级电容组建模，则电流表征可参见有关参考文献（Lajnef，2007）。

$$I(t)=C\frac{\mathrm{d}u}{\mathrm{d}t}\left[1-\exp\left(-\frac{t}{CR}\right)\right]$$

该方程中，有两个项，第一个是永久性的 $I(t)=C\mathrm{d}u/\mathrm{d}t$，第二个是瞬态的，并将在几个时间常数之后消失。在电阻器引起的压降可以忽略不计的情况下，当电容取决于电压，并假设串联电阻非常低时，电流与电容成正比，即 $I=C_{\mathrm{diff}}\dfrac{\mathrm{d}u}{\mathrm{d}t}$。

图 5.21 所示是在 10mV/s 扫描速率下，通过电流与电压记录获得的伏安图。该图表

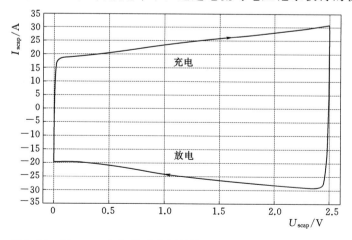

图 5.21　以 10mV/s 扫描速率测得的 2600F/2.5V 电池芯伏安图
来源：Lajnef 等，2007。

明，电流在 0～0.3V 之间是恒定的，即：微分电容在该电压范围内是恒定的。然后，电流与微分电容开始上升。在 1.25～2.5V 范围内，通过恒流测试确定的微分电容的线性拟合似乎是恰好适当的。此外，电流与电压趋势图形的充放电（对应于可逆行为）似乎是对称的，即充电微分电容与放电相同。

  图 5.22 是不同参数提取技术的对比图（Kurzweil 等，2005）。电极和电解质之间的电化学界面上的分子对电场产生非线性响应。该图表明，电容和感应电流电荷在超级电容器中可以共存。由于不涉及纯净电容现象，该充电从电位范围分流，可产生赝电容。瞬态技术可引起快速电压变化，表明可用于快速充/放电过程，且将"冻结"外电极表面上的扩散。当电压变化缓慢时，内电极表面可产生缓慢的电极反应（在很大程度上取决于电压），也将影响测得的电容值。图 5.23 所示是从完全放电到充电的荷电状态变化。

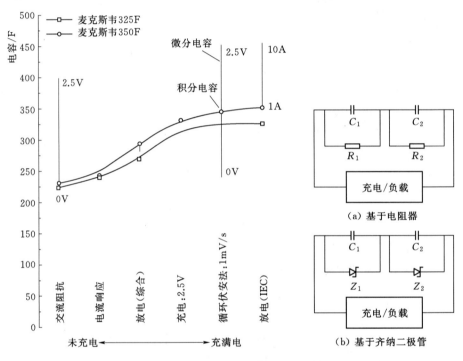

图 5.22　采用不同测量技术测得的 Maxwell 电容器（BCAP0350）的电容（使电容器产生不同荷电状态）
改编自：Kurzweil 等，2005。

图 5.23　被动电阻平衡
来源：Sharma，Bhatti，2010。

5.8　模块和电压平衡

  通常超级电容电池的运行电压非常低，在 2.5～3.0V 之间。而大多数高功率用途都需要相当高的电压。例如，对于一块汽车电池组，可能为 12 或 42V，即：我们需要大约 5～20 个串联元件，且全部需要满足标称电压值。为能够以更高的应用电压下运行，将超级电容器以串联加并联方式配置成模块，以满足直流电压、能量性能和总等效串联电阻值要求，从而决定了电池组的最大功率容量。

生产线大规模生产的超级电容器并不完全相同，因此，超级电容器串联栈可产生不均等的电压分布（Aiguo 等，2009a，b；Chunhe 等，2009；Gai Xiao 等，2008；Rengui 等，2008）。而随着直流偏压的变化，装置电容也会相应变化，从而导致情况更加糟糕。超级电容器串联栈的电压分布最初是一个电容函数。当串联栈被维持在固定电压下一段时间之后，电压分布开始变成内部并联电阻的函数（泄漏的电流）。例如，假设有一个由 20 个电容器组成的串联栈，初始充电至 50V。如果电池电容相同，则电压应均分，使每个电容器最高充电至 2.5V。如果电池的电容有任何变化，则每个电池的电压将根据电容的变化而不同。电容较大的电池将充电至更低的电压，而电容较小的电池将充电至更高的电压。这是因为，每个电池的充电电流相同，而电压是电流和电容的函数。

根据 ELNA 和 Ness 电容器公司的说法，电容不均等问题可归因于以下几个因素：①5%～10%的制造容忍度；②系统中的温度梯度；③电池老化。

在这种情况下，一些超级电容器电压可能被高估，使其寿命缩短。对于其他超级电容器，最大电压应低于电压极限；超级电容器储能将无法达到最高水平。电容较小的电容器所需充电时间也较短，因此，比较大电容器更快达到最大电压。为避免损坏较小的电容器，必须使用电压均衡电路。大型装置制造商提供的超级电容器模块类似于电池组，配有不同类型的组件外使用的电池平衡电路。

对于超级电容器模块内的电池平衡，有被动平衡和主动平衡两种常见的方法。被动平衡电路通常使用的是被动元件、二极管等，可进一步分为电阻平衡和齐纳（稳压）二极管平衡两种。

5.8.1　被动平衡技术

5.8.1.1　电阻平衡

为防止超级电容器不平衡充电产生不良效应，单个超级电容器需要保持在平衡充电水平。可以通过调节单个电池的电压来实现。平衡超级电容器栈的一个简单方法是使用一个旁路并联电阻，如图 5.23 所示。电阻器过滤掉的电流量与电池电压成正比，且随着电池电压的降低，将有更多电流转移到电阻器。因此，随着并联电阻将使电压更高的电池进一步放电，从而可降低栈内不同电池之间的电压差。这种方法的一个缺点是可使回收能量转化为电阻器的额外损失。另外，电阻器阻止的电流量是不规律的。因此，电池的电压不完全是规律的。均衡的原则可以这样来解释。如图 5.23 所示，当电容器充满电，在电阻分压器作用下（包括电容器电流泄漏），两个电阻器将共享输入充电器的电压。这将有助于在整个串联电容器组内平均分布总栈电压。通过将电阻器在电容器组内并联，几乎可完全实现电压均衡，但预计电阻器的功耗会很大。

5.8.1.2　齐纳二极管平衡

为更好地规范并联元件的电流分配，可以使用二极管电路。齐纳二极管的使用就是这种方法。由于装置的击穿电压，通过与负载并联进行管理，将该方法用于规范化电压。图 5.23（b）将两个齐纳二极管与两个电容器 C_1 和 C_2 连接，阐释了这个概念。一旦电容器 C_1 达到最大电压，如果电压与二极管 Z_1 的击穿电压基本相等的话，C_1 将开始通电并使充电电流偏离。C_2-Z_2 电容电极管对应的情况也大致如此。该方案中，由于并联电路只在电池电压超过预设击穿电压水平时才会活跃，因此可将能量损失量最小化。然而，该方法也会导致一定的损失增加，并面临齐纳二极管的温度依赖性问题。

图 5.24 （a）和图 5.24 （b）所示是模拟通过电阻器和齐纳二极管达到电压平衡所产生的能量损失对比。两种情况下，将四个 1000F 和一个 800F 装置串联，并充电至 12.5V。充电过程结束时，储存的能量达到 15kJ。在电压平衡电阻器情况下（每个电阻器 0.1Ω），需要 120kJ 的能量将电化学双层电容器充满电，即效率为 12.5%。当使用齐纳二极管时，只需要 16.3kJ，效率达 92%（Barrade 等，2000）。因此，以齐纳二极管取代电阻器进行电压平衡可使充电效率大大提高。

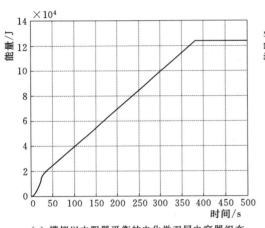 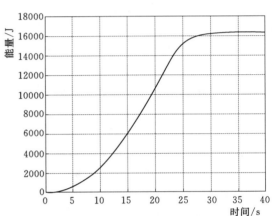

（a）模拟以电阻器平衡的电化学双层电容器组在放电过程中的能量损失（Sharma，Bhatti，2010）

（b）模拟以齐纳二极管平衡的电容器组在放电过程中的能量损失（Sharma，Bhatti，2010）

图 5.24　模拟能量损失

5.8.2　主动平衡技术

在被动平衡方案中，回收能量流入能量消散电阻电流分流器中。因此，消散平衡方案是最适合低功耗用途或低电流充放电率用途的。该方案可将能量损失最小化。在动力汽车等用途中，电流充放电率非常高（10%～100%），且充放电时间很短。所以，充电平衡电流应具有相同的数量级。因此，为减少能量损失并优化电池性能，需采用非耗散平衡技术（主动平衡方案）。

图 5.25 （a）是活跃均压装置的一般原理图（Barrade 等，2000）。平衡电流 I_{eq} 使主

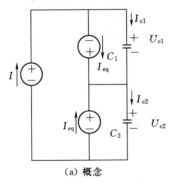 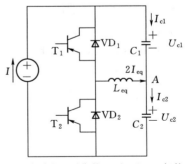

（a）概念

（b）主动电压平衡的 Buck - Boost 拓扑

图 5.25　主动平衡

要充电电流 I 增大。平衡电流的大小和方向由相应装置的局部电压控制。如图 5.25 （b）所示，平衡电流源可通过 Buck－Boost 拓扑找到。如果检测到电压 U_{c1} 明显高于 U_{c2}，则晶体管 T_1 将在某一频率切换，产生正平衡电流 $2I_{eq}$。如果 U_{c2} 大于 U_{c1}，则 T_2 的值切换到 80，以产生负平衡电流。该过程将持续至电压平衡。

参考文献

［1］　Abdallah T, Lemordant D, Claude － Montigny B. Are room temperature ionic liquids able to improve the safety of supercapacitors organic electrolytes without degrading the performances［J］. Power Sources, 2012, 201:353 － 359.

［2］　Aiguo X, Shaojun X, Xiaobao L. Dynamic voltage equalization for series － connected ultracapacitors in EV/HEV applications［J］. IEEE Trans. Veh. Technol. , 2009, 58(8):3981 － 3987.

［3］　Aiguo X, Xiaobao L, Shaojun X. Research on dynamic voltage equalization circuit for series connected ultracapacitors［C］. IEEE International Conference on Industrial Technology, 2009(ICIT '09).

［4］　Arbizzani C, Beninati S, Lazzari M, et al. Electrode materials for ionic liquid － based supercapacitors［J］. Power Sources, 2007, 174:648 － 652.

［5］　Bakhourn E G. New mega － farad ultracapacitors［J］. IEEE Trans. Ultrason. Ferroelectr. Freq. Control, 2009, 56(1):14 － 21.

［6］　Balducci A, Dugasa R, Taberna P L, et al. High temperature carbon － carbon supercapacitor using ionic liquid as electrolyte［J］. Power Sources, 2007, 165:922 － 927.

［7］　Barrade P, Pittet S, Rufer A. Energy storage system using a series connection of supercapacitors, with an active device for equalizing the voltages［C］. International Power Electronics Conference, Tokyo, Japan, 2000.

［8］　Becker H I. Low voltage electrolytic capacitor［R］. 1957, US Patent 2800616.

［9］　Belhachemi F, Rael S, Davat B. A physical based model of power electric double layer capacitor［J］. IEEE, 2000:3069 － 3075.

［10］　Bittner A M, Zhu M, Yang Y, et al. Aging of electrochemical capacitors［J］. Power Sources, 2012, 203:262 － 273.

［11］　Buller S, Karden E, Kok D, et al. Modeling the dynamic behavior of supercapacitors using impedance spectroscopy［J］. IEEE Trans. Ind. Appl. , 2002, 38(6):1622 － 1626.

［12］　Burke A. Ultracapacitors: why, how and where is the technology［J］. Power Sources, 2000, 91: 37 － 50.

［13］　Catherino H A, Burgel J F, Shi P L, et al. Hybrid power supplies: a capacitor assisted battery［J］. Power Sources, 2006, 162:965 － 970.

［14］　Celzard A, Collas F, Mareché J F, et al. Porous electrodes － based double layer capacitors: pore structure versus series resistance［J］. Power Sources, 2002, 108:153 － 162.

［15］　Cericola D, Kötz R. Hybridization of rechargeable batteries and electrochemical capacitors: principles and limits［J］. Electrochim. Acta, 2012, 72:1 － 17.

［16］　Cericola D, Novák P, Wokaum A, et al. Hybridization of electrochemical capacitors and rechargeable batteries: an experimental analysis of the different possible approaches utilizing activated carbon, $Li_4Ti_5O_{12}$ and $LiMn_2O_4$［J］. Power Sources, 2011, 196:10305 － 10313.

［17］　Chang Y, Wu C, Wu P. Synthesis of large surface area carbon xerogels for electrochemical double layer capacitors［J］. Power Sources, 2013, 223:147 － 154.

［18］　Christen T, Carlen M W. Theory of Ragone plots［J］. Power Sources, 2000, 91:210 － 216.

[19] Chunhe C, et al. Research of supercapacitor voltage equalization strategy on rubbertyred gantry crane energy saving system[C]. Asia – Pacific Power and Energy Engineering Conference, 2009(APPEEC' 09).

[20] Conway B E. Transition from"supercapacitor to battery" behavior in electrochemical energy storage [C]. Proceedings of Power Sources Symposium, 1990:319 – 327.

[21] Conway B E, Pell W G. Double layer and pseudocapacitance types of electrochemical capacitors and their applications to the development of hybrid devices [J]. Solid State Electrochem. , 2003, 7: 637 – 644.

[22] Conway B E, Birss V, Wojtowicz J. The role and utilization of pseudocapacitance for energy storage by supercapacitors[J]. Power Sources, 1997, 66:1 – 14.

[23] Du C, Pan N. Supercapacitors using carbon nanotubes films by electrophoretic deposition[J]. Power Sources, 2006, 160:1487 – 1494.

[24] Du X, Song H, Chen X. Graphene nanosheets as electrode material for electric double layer capacitors [J]. Electrochim. Acta, 2010, 55:4812 – 4819.

[25] Dubal D P, Gund G S, Lokhande C D. Cuo cauliflowers for supercapacitor application: novel potentiodynamic deposition[J]. Mater. Res. Bull. , 2013, 48:923 – 928.

[26] ELNA[R]. http://www. elnaerica. com/company. htm.

[27] Endo M, Takeda T, Kim Y J, et al. High power electric double layer capacitor(EDLC's); from operating principle to pore size control in advanced activated carbons[J]. Carbon Sci. , 2001, 1(3, 4): 117 – 128.

[28] Fang B, Binder L. A modified activated carbon aerogel for high – energy storage in electric double layer capacitors[J]. Power Sources, 2006, 163:616 – 622.

[29] Fang B, Wei Y Z, Kumagai M. Modified carbon materials for high – rate EDLCs application[J]. Power Sources, 2006, 155:487 – 491.

[30] Frackowiak E, Béguin F. Carbon materials for the electrochemical storage of energy in capacitors[J]. Carbon, 2001, 39:937 – 950.

[31] Gai Xiao D, et al. Analysis on equalization circuit topology and system architecture for series – connected ultra – capacitor[C]. IEEE Vehicle Power and Propulsion Conference, 2008(VPPC'08).

[32] Gamby J, Taberna P L, Simon P, et al. Studies and characterizations of various activated carbons used for carbon/carbon supercapacitors[J]. Power Sources, 2001, 101:109 – 116.

[33] Grimnes S, Martinsen Ø G. Bioimpedance and Bioelectricity Basics[M]. 2nd ed. , Elsevier – Academic Press, 2008:471.

[34] Gund G S, Dubal D P, Patil B H, et al. Enhanced activity of chemically synthesized hybrid graphene oxide/Mn_3O_4 composite for high performance capacitors[J]. Electrochim. Acta, 2013, 92:205 – 215.

[35] Huang C, Chuang C, Ting J, et al. Significantly enhanced charge conduction in electric double layer capacitors using carbon nanotube – grafted activated carbon electrodes[J]. Power Sources, 2008, 183: 406 – 410.

[36] IEC – 40/1378/DIN IEC 62391 – 1. Fixed electric double layer capacitors for use in electronic equipment. Part I : generic specification[R]. 2004.

[37] IEC – 40/1379/DIN IEC 62391 – 2. Fixed electric double layer capacitors for use in electronic equipment. Part II : Sectional specification: electric double layer capacitors for power application[R]. 2004.

[38] Itagaki M, Suzuki S, Shitanda I, et al. Impedance analysis of electrical double layer capacitor with transmission line model[J]. Power Sources, 2007, 164:415 – 424.

[39] Kanthal Globar. Maxcap® Double Layer Capacitors – Product Information & Application Data[R].

Document M – 2004A – 09/07.

[40] Karden E, Buller S, De Doncker, et al. A frequency domain approach to dynamical modeling of electrochemical power sources[J]. Electrochim. Acta, 2002, 47:2347 – 2356.

[41] Kim J, Kim S. Preparation and electrochemical property of ionic liquid – attached graphene nanosheets for an application of supercapacitor electrode[J]. Electrochim. Acta, 2002, 119:11 – 15.

[42] Kurzweil P, Frenzel B, Gallay R. Capacitance characterization methods and ageing behaviour of supercapacitors[C]. The 15th International Seminar on Double Layer Capacitors, 2005.

[43] Lajnef W, Vinassa J M, Briat O, et al. Characterization methods and modelling of ultracapacitors for use as peak power sources[J]. Power Sources, 2007, 168:553 – 560.

[44] Levie R D. On porous electrodes in electrolyte solutions. Electrochim[J]. Acta, 1963, 8:751 – 780.

[45] Lisheng S, Crow M L. Comparison of ultracapacitor electric circuit models[J]. IEEE, 2008, 1(6): 20 – 24.

[46] Liu C, Tsai D, Chung W, et al. Electrochemical microcapacitors of patterned electrodes loaded with manganese oxide and carbon nanotubes[J]. Power Sources, 2011, 196:5761 – 5768.

[47] Mastragostino M, Arbizzani C, Soavi F. Conducting polymers as electrode materials in supercapacitors [J]. Solid State Ionics, 2002, 148:493 – 498.

[48] Michael M S, Prabaharan S R S. High voltage electrochemical double layer capacitors using conductive carbon as additives[J]. Power Sources, 2004, 136:250 – 256.

[49] Miller J R, Outlaw R A, Holloway B C. Graphene electric double layer capacitor with ultra high performance. Electrochim[J]. Acta, 2011, 56:10443 – 10449.

[50] Morimoto T, Hiratsuka K, Sanada Y, et al. Electric double – layer capacitor using organic electrolyte [J]. Power Sources, 1996, 60:239 – 247.

[51] Nasibi M, Golozar M A, Rashed G. Nanoporous carbon black particles as an electrode material for electrochemical double layer capacitors[J]. Mater. Lett. , 2013, 91:323 – 325.

[52] Nelms R M, et al. A comparison of two equivalent circuits for double – layer capacitors [C]. Fourteenth Annual Applied Power Electronics Conference and Exposition (APEC' 99), 1999, 2: 692 – 698.

[53] Ness Capacitor Co. , Ltd. [R]. http://www. nesscap. com/prod/ba3. htm.

[54] Niu J, Pell W G, Conway B E. Requirements for performance characterization of C double – layer supercapacitors: applications to a high specific – area C – cloth material[J]. Power Sources, 2006, 156: 725 – 740.

[55] Novoselov K S, Geim A K, Morozov S V, et al. Electric field effect in atomically thin carbon films[J]. Science, 2004, 306:666 – 669.

[56] Pandolfo A G, Hollenkamp A F. Carbon properties and their role in supercapacitors [J]. Power Sources, 2006, 157:11 – 27.

[57] Pasquier A D, Plitz I, Gural J, et al. Power – ion battery: bridging the gap between Li – ion and supercapacitor chemistries[J]. Power Sources, 2004, 136:160 – 170.

[58] Paulo C J, Rodrigo T, Lavall L, et al. Supercapacitors based on modified graphene electrodes with poly(ionic liquid)[J]. Power Sources, 2014, 256:264 – 273.

[59] Pell W G, Conway B E. Quantitative modeling of factors determining Ragone plots for batteries and electrochemical capacitors[J]. Power Sources, 1996, 63:255 – 266.

[60] Peng C, Zhang S, Jewell D, et al. Carbon nanotube and conducting polymer composites for supercapacitors[C]. Proc. Natl. Acad. Sci. U. S. A. , 2008, 18:777 – 778.

[61] Pmar N, Mierlo J V, Verburugge B, et al. Power and life enhancement of battery—electrical double

layer capacitor for hybrid electric and charge – depleting plug – in vehicle applications [J]. Electrochim. Acta, 2010, 55:7524 – 7531.

[62] Prabaharan S R S, Michael M S. High voltage electrochemical double layer capacitors using conductive carbons as additives[J]. Power Sources, 2004, 136:250 – 256.

[63] Prabaharan S R S, Vimala R, Zainal Z. Nanostructured mesoporous carbon as electrodes for supercapacitors[J]. Power Sources, 2006, 161:730 – 736.

[64] Qu D, Shi H. Studies of activated carbons used in double – layer capacitors[J]. Power Sources, 1998, 74:99 – 107.

[65] Ramya R, Sivasubramanian R, Sangaranarayanan M V. Conducting polymers – based electrochemical supercapacitors—progress and prospectus[J]. Electrochim. Acta, 2013, 101:109 – 129.

[66] Razumov S N, Klementov A, Litvinenko S, et al. US Patent No. 6222723[R]. 2001.

[67] Rengui L, et al. A new topology of switched capacitor circuit for the balance system of ultra – capacitor stacks[C]. IEEE Vehicle Power and Propulsion Conference, 2008(VPPC'08).

[68] Rightmire R A. Electrical energy storage apparatus[R]. US Patent 3288641, 1996.

[69] Ruiz V, Roldán S, Villar I, et al. Voltage dependence of carbon based supercapacitors for pseudocapacitance quantification[J]. Electrochim. Acta, 2013, 95:225 – 229.

[70] Sankapal B R, Gajare H B, Dubal D P, et al. Presenting highest supercapacitance for TiO_2/MWNTs nanocomposites:novel method[J]. Chem. Eng. , 2014, 247:103 – 110.

[71] Sevilla M, Mokaya R. Energy storage applications of activated carbons:supercapacitors and hydrogen storage[J]. Energy Environ. Sci. , 2014, 7:1250 – 1280.

[72] Sharma P, Bhatti T S. A review on electrochemical double – layer capacitors[J]. Energy Convers. Manag. , 2010, 51:2901 – 2912.

[73] Sikha G, Popov B. Performance optimization of a battery – capacitor hybrid system [J]. Power Sources, 2004, 134:130 – 138.

[74] Spyker R L, Nelms R M. Classical equivalent circuit parameters for a double – layer capacitor[J]. Aerospace and Electronic Systems, IEEE Transactions on. 2000, 36(3):829 – 836.

[75] Sung J, Kim S, Jeong S, et al. Flexible micro – supercapacitors [J]. Power Sources, 2006, 162:1467 – 1470.

[76] Tõnurist K, Jänes A, Thomberg T, et al. Influence of mesoporous separator properties on the parameters of electrical double – layer capacitor single cells[J]. Electrochem. Soc. , 2009, 156:A334 – A342.

[77] Tõnurist K, Thomberg T, Jänes A, et al. Influence of separator properties on electrochemical performance of electrical double – layer capacitors[J]. Electroanal. Chem. , 2013, 689:8 – 20.

[78] Wang L, Morishita T, Toyopda M, et al. Asymmetric electric double layer capacitors using carbon electrodes with different pore size distributions. Electrochim[J]. Acta, 2007, 53:882 – 886.

[79] Wei L, Yushin G. Nanostructured activated carbons from natural precursors for electrical double layer capacitors[J]. Nano Energy, 2012, 1:552 – 565.

[80] Xianzhong S, Xiong Z, Haitao Z, et al. A comparative study of activated carbon – based symmetric supercapacitors in Li_2SO_4 and KOH aqueous electrolytes [J]. Solid State Electrochem. , 2012, 16:2597 – 2603.

[81] Yang F, Lnguang L, Yuping Y, et al. Characterization, analysis and modeling of an ultracpacitor[C]. Proceedings of EVS25, 2010:1 – 12.

[82] Yasser D, Venet P, Gualous H, et al. Electrical, frequency and thermal measurement and modeling of supercapacitor performance[C]. Proceedings 3rd ESSSCAP, 2008.

[83] Zhang L L, Zhao X S. Carbon – based materials as supercapacitor electrodes [J]. Chem. Soc. Rev. ,

2009,38:2520 - 2531.

[84]   Zhang Q, Xu C, Lu B. Super - long life supercapacitors based on the construction of Nifoam/ graphene/Co$_3$S$_4$ composite film hybrid electrodes[J]. Electrochim. Acta ,2014,132:180 - 185.

[85]   Zhao X, Huang S, Cao J, et al. KOH activation of hypercoal to develop activated carbons for electric double layer capacitors[J]. Anal. Appl. Pyrolysis,2014,105:116 - 121.

[86]   Zheng C, Zhou X, Cao H, et al. Synthesis of porous graphene/activated carbon composite with high packing density and large surface area for supercapacitor electrode material[J]. Power Sources,2014, 258:290 - 296.

第6章　将超级电容用作 DC‐DC 变换器的无损释放器

Kosala Gunawardane

6.1　序言

超级电容通常用作能源存储装置（ESD），且相关记录详尽。然而，对于电容值提高了近 100 万倍（相比大型电解电容器）的最先进装置，实际上，等效串联电阻（ESR）值下降至约 $0.1\sim100\,\mathrm{m\Omega}$ 范围内，但这并不那么重要。鉴于这一重要的观察结果，当 C 值超级电容以恒定直流 I_C 充或放电，我们就可以推测出 $I_C\Delta t/C$ 可使端子发生的大致电压变化，其中 Δt 表示时间。当电容值非常大，且时间较短时，我们可以推测，电容端子上只有很小的电压变化。通过将这一效应与毫欧姆分阶等效串联电阻相结合，我们可以推测，该装置的端子压降几乎是恒定的，且电阻下降非常小。换句话说，如果我们将超级电容与电子电路串联（以最大 U_p 电压源值供电），且通常使用有限电流，则电容器将需要很长时间通过端子上的电压差（等于 U_p 和 U_{in}^{min} 之差，其中 U_{in}^{min} 是保证电路按照预期运行所需的最小输入电压）来阻住路径。图 6.1 简单地描述了这一情况，即：在实际电路中，可将超级电容作为无损释放器。

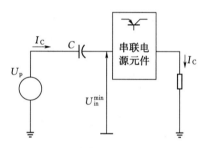

图 6.1　基本概念：在实际电路中，将超级电容器用作无损释放器

在此，第二个重要的情况是使超级电容的等效串联电阻达到典型的压降，该压降可能远低于金属氧化物半导体场效应晶体（MOSFET）、绝缘栅双极晶体管（IGBT）及双极晶体管等半导体功率开关器的典型直流压降。目前功率最先进的金属氧化物半导体场效电晶体管的典型直流电阻 $[R_{DS(on)}]$ 范围在 $1\,\mathrm{m\Omega}$ 至几百毫欧姆范围内。

超级电容应用实验组在怀卡托将下述两个案例相结合，提出了独特的 DC‐DC 变换器拓扑结构：①短期的充/放电电流可使超级电容发生很小的电压变化；②充放电电流可远小于功率半导体开关器的典型静态直流耗电，使等效串联电阻产生压降（Kularatna，Fernando，2009，2011）。本章论述了在线性 DC‐DC 变换器中将超级电容用作无损释放器的方法。该方法可使基于低压差稳压器（LDO）的线性稳压器的端到端效率（ETEE）得到显著提高。

本章开篇简要概述了直流功率管理和直流-直流转换器的拓扑结构，并直接切入设计者对于将超级电容器用作无损释放器技术这一新型应用的观点，对 5～12V 和 3.3～5V 等范围内典型直流-直流转换器可实现的一些成果进行了论述。

6.2 DC – DC 变换器和直流电源管理

所有电子系统都需要非常稳定的直流电源，即直流值恒定、输出波动和噪声最低，且在快速响应负载电流变化的同时，输出轨迹无跌落或过冲。现代电子系统的另一个重要需求是，转换器具备能源高效性，且在电池供电系统中，电池运行时长达到最大化。对于产品设计者来说，能源效率是非常热门的话题，即：将从交流电源到终端直流轨迹之间的端到端效率尽可能保持最高，同时，通过将多种先进技术与不同类型的 DC – DC 变换器相结合，优化电池的运行时间（Kularatna，2011）。

6.2.1 常用直流-直流转换器

在现代电子产品中，可采用线性稳压器、开关式电源（SMPS）、开关电容器（充电泵）三种基本方法用于 DC – DC 变换。

对于线性稳压器，在非稳压直流输入与稳压输出之间的串联路径中，将电源金属氧化物半导体场效应晶体管、绝缘栅双极晶体管、双极功率晶体管等电源半导体装置用作电压释放器。在控制回路中，将稳压输出电压与恒压直流参考电源作对比，并以功率半导体开关的控制输入来保持恒定的输出直流值。在 20 世纪 60—70 年代的发展史中，线性稳压器代表着 DC – DC 变换器的首个发展成果，但这些成果远不足以使典型效率达到 30%～60% 范围。但这种稳压器的噪声输出非常低，且对负载电流的快速变化能够快速瞬态响应。

开关式转换器使用电感器和电容器作为 ESD，用于切换直流电压，理论效率为 100%。常用的转换器拓扑结构包括 Buck 变换器、Boost 变换器、Buck – Boost 变换器等和几种相关拓扑结构。Kularatna（2011）就该主题提出了一种很好的论述，并将这几种技术与线性稳压器进行了对比。所有这些拓扑结构都使用功率半导体作为开关器，运行范围在几十千赫兹至 2MHz 以上。

开关电容转换器，或称电荷泵，使用基于开关技术的电容器，但不使用笨重的大型电感器或变压器（通常用于开关式电源）。这些都是低电流转换器，通常不高于几百毫安。

表 6.1 是常用 DC – DC 变换器技术的对比。更多详细资料，请参阅有关参考文献（Walt Kester，http://www.analog.com/static/imported – files/tutorials/ptm-sect3.pdf；Jovalusky，2005；Linear，Switching Voltage Regulator Handbook on Semiconductor，2002；Simpson，2012；Kester 等，1998；Palumbo，Pappalardo，2010）。

表 6.1   **常用 DC – DC 变换器技术对比**

特　点	线性稳压器	电荷泵转换器	开关式电源
设计复杂性	低	中等	中等—高
成本	低	中等	中等
噪声	最低	低	低—中等
效率	低—中等	中等—高	高

特　　点	线性稳压器	电荷泵转换器	开关式电源
热管理	差—中等	良好	最佳
输出电流能力	中等	低	高
磁性零部件要求	无	无	有
局限性	无法提高	输入输出电压比	布局问题

6.2.2　以低压稳压器为线性稳压器的一个特例

由于本章的主题是基于低压差稳压器的使用，是线性稳压器的一个特例，因此，我以简要论述线性稳压器的设计为切入点。如图 6.2 所示，一个典型线性稳压器的主要部件包括通道元件（以串联功率半导体作为负载电流路径中的电压释放器元件）、精密基准、反馈网络以及误差放大器。Kularatna（2011）的第 1、第 2 章详细叙述了基于线性稳压器的直流电源各方面的设计。

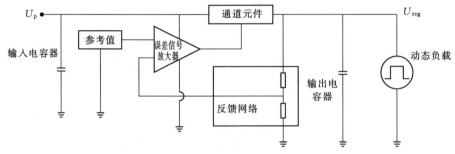

图 6.2　线性稳压器方框图

通常，当一个线性稳压器可以设计成低直流轨迹输入、输出电压差，即称为低压差稳压器。低压差是指，这些常用于手机、相机、笔记本电脑等便携式产品的单片硅装置（通常采用开关式）可在输入、输出电压差降低至非常低的条件下（称为电压差，此时将停止有效直流-直流转换工作）保持运行。

图 6.3 介绍了低压差稳压器的和开关式稳压器系列的商业应用，并根据 Databeans 的市场研究报告预测出，未来几年内的总业务潜力可达到数百万美元、可达到的总单位销售额（以百万美元计）及这些部件的平均售价（Inouye 等，2010）。

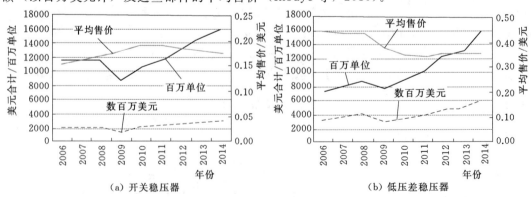

图 6.3　全球市场预测（Inouye 等，2010）

通常，按照通道元件之间存在差异，线性稳压器拓扑结构可分为标准（NPN Darling-ton）稳压器、准低压差线性稳压器、低压差线性稳压器三种基本类型。

对于线性稳压器，当保持稳压功能时，可出现的最低输入电压与输出电压之差称为电压差。上述三种拓扑结构之间的电压差十分显著。线性稳压器以最高电压差运行时，由于内部功率耗散率最高，因此效率最低。

通常，在线性稳压器配置中，大部分能量通过通道元件耗散掉。典型的线性稳压器结构没有任何能量存储机制，所以未能输送至负载的功率将以热量形式在稳压器内耗散掉。

耗散在稳压器内的功率（PD）可以表达为（Falin，2006；Lee，1999；Marasco，Rincon - Mora，2009；Texas Instruments，2009；Zendzian，1999）

$$P_D = [U_p - U_{reg}] I_L + U_p I_q \tag{6.1}$$

式中：U_p 为输入电压；U_{reg} 为稳压；I_L 为负载电流；I_q 为接地插脚电流（控制电路消耗的电流）。

该关系中，第一部分是通道装置的耗散，第二部分是电路中控制器部分的功耗。如果输入和输出电压的差值过高，则线性稳压器可产生过多的热量。但低压差稳压器的电压差是极其小的，因而提高了效率。

可通过以下公式大致得出线性稳压器的效率：

$$\eta = \frac{U_{reg} I_L}{U_p I_p} \approx \frac{U_{reg} I_L}{U_p (I_L + I_q)} \approx \frac{U_{reg}}{U_p \left(1 + \dfrac{I_q}{I_L}\right)} \tag{6.2}$$

如式（6.2）所示，低压差稳压器的效率也受到电路中接地插脚电流的限制。为使低压差稳压器达到高效率，应将接地插脚电流最小化（http：//www. analog. com/library/analogdialogue/archives/43 - 08/ldo. html；Texas Instruments，2009）。现代低压差稳压器已实现合理的低 I_q，且为简单起见，相比 I_L，如果 I_q 非常低，该低值在效率计算中可以忽略不计（Man 等，2007；Rincon - Mora，1996）。

图 6.4 是在特定输出电压（U_{reg}）下，以稳压器效率为不同 I_q 负载电流（I_L）函数的示意图。根据该图，使用非常低的 I_L，可提高小 I_q 下的稳压器高效（通常发生在为延长电池寿命而使系统处于待机模式时）。

6.2.3 基于转换器的开关式直流电源的损失

功率效率相对较高是开关稳压器的一个重要优点。假设使用理想的能量存储元件，如配有完善的无损开关的电容器和电感器，则理论

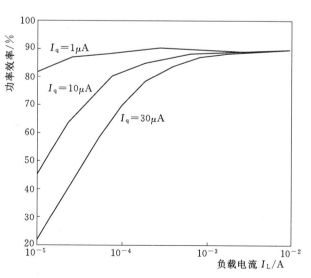

图 6.4　接地插脚电流对于低压差稳压器效率的影响（Man 等，2007）

上可实现100％的效率。但在实际情况下，电感、电容和晶体管开关器无法达到各自的理想特性，因此，理论上的最高效率会大打折扣。所以，在实践中，DC-DC变换器阶段的效率范围可能在80％～90％之间徘徊（Walt Kester）。如果必须在典型离线供电中加入AC-DC变换阶段，则端到端效率会显著下降。以下示例解释了这种实际情况。

在典型的开关型电源中，根据功率水平、拓扑结构和电路复杂性，可产生各种损耗因素。图6.5以输入功率百分形式，展示了在输出10W负载功率的典型供电条件下，可产生的各种大致损失因素（Jovalusky，2005；Kularatna，2011）。

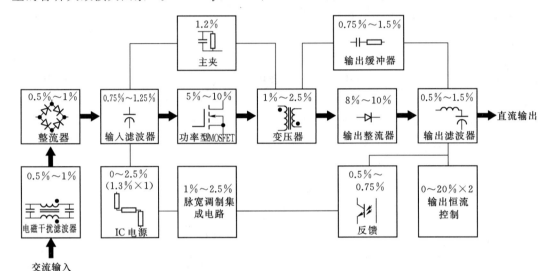

(1)低功率充电器和适配器的启动电流损失是非常大的，尤其是在开机时间短而电路在启动后未禁用的情况下。
(2)简单的CC电路只在满负载时才会产生较大的耗散。该电路通常只用于功率低于5W的充电率，即仍满足加利福尼亚州能源委员会(CEC)的标准。

图6.5　开关型电源内的功耗电路方框图

来源：Jovalusky，2005。

一般来说，开关电源的主要损失因素包括：

（1）二极管静态损失。

（2）金属氧化物半导体场效电晶体管损失 $\left[\text{如 } I^2R_{DS(on)}\right]$，或由于双极结晶体管（BJT）饱和造成的损失。

（3）由于不同寄生电容充、放电，而在高频率下发生的开关晶体管和二极管的动态损失。

（4）流经等效串联电阻的充放电电流（大多数情况下是交流等效串联电阻产生效应）造成的损失。

（5）磁性部件损失。

（6）控制电路损失/印刷电路板（PCB）跟踪损失。

开关式电容转换器能够实现高于90％的效率。然而，这种转换器不同于开关、低压差稳压器，不适用于在输入、输出电压比范围较大的条件下保持高效率。负载电流能力受到电容器大小和开关器载流量的限制。在实践中，典型开关式电容逆变器芯片可用于10～500mA负载电流（Kester等，1998）。

6.2.4 将开关模式和低压差稳压器相结合的电源管理方法

开关式和线性稳压器设计的发展进步，使便携式电子产品的电源设计也已在飞速发展。人们需要操作电压不断降低而电流不断提高，因此，设计者必须考虑功率损耗、延长电池寿命、缩小体积、降低成本等因素。这些设计参数改变并重新设置了电源设计的优先级，令人难以在线性和开关式电源之间做出选择。

低压差线性稳压器经常用于电池供电的便携式产品［如开关式电源适配困难的荷载点（POL）电源］，主要是由于噪声性能、转换速率需求及其输出阻抗的复杂性（Linear regulators，2001；Travis，1998）。图 6.6 展示了对配有 48V—8V 中间总线转换器的便携式产品采用荷载点方法的示例，其中，所有其他电压均源自该 8V 总线。在这种情况下，为最大程度降低复合效率损失（有时可非常高），荷载点转换器的效率可达到接近或超过 90%（Bull，Smith，2003）。图 6.7 所示另一示例是数字静物摄影机（DSC），将开

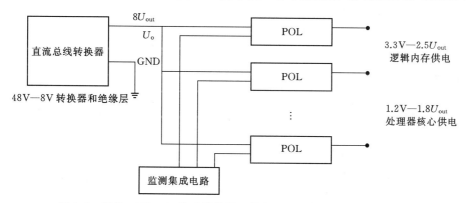

图 6.6　配备 48V—8V 笨重转换器和荷载点（POL）阶段的 8V 中间
总线架构（Bull，Smith，2003）

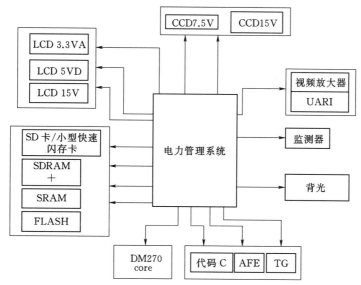

图 6.7　数字静物摄影机（DSC）架构示例

来源：Day，2003。

关式和低压差稳压器结合使用。图 6.8 所示是德州仪器 TPS65010 IC 的电源管理解决方案中针对该情况的部分。TPS65010 IC 中的部分电路允许配置若干开关式电路，而另一部分硅装置用于配置低压差稳压器电路。更多详细介绍，请参阅有关参考文献（Day，2003；http：//www.ti.com/product/tps65010）。在一些部分负载零部件只需要很小电流（只需 10mA 至几百毫安）且直流功率轨迹高于电池电压或大型开关电源输出轨迹电压的便携式产品中，也使用开关式电容转换器（Palumbo，Pappalardo，2010）。

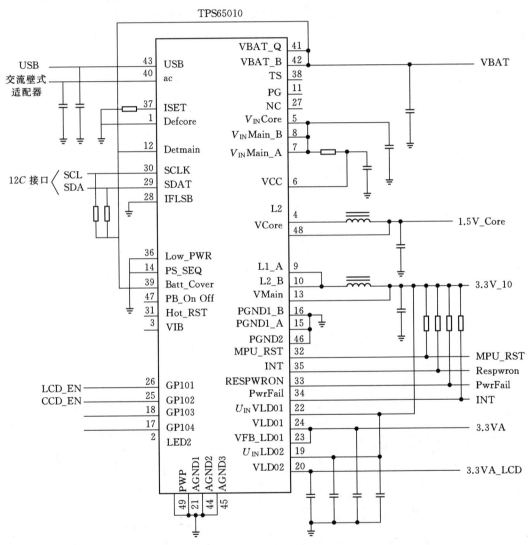

图 6.8　电源管理解决方案——德州仪器 TPS65010 IC

来源：Day，2003。

在实际产品中，也会将转换器和低压差稳压器结合起来，以为达到很多实际目的，如：

（1）开关器的噪声水平，和射频干扰（RFI）/电磁干扰（EMI）滤波器需要。

（2）低压差稳压器的输出质量。

（3）低压差稳压器快速瞬态响应。

（4）简单性和缩小低压差稳压器印刷电路板占地面积。

（5）电感器为开关器的笨重部件。

6.3 超级电容辅助低压差线性稳压器（SCALDO）技术

6.3.1 核心基础

目前为止，从我们的论述中总结出，在实际电子系统中，将不同 DC - DC 变换器拓扑结构相结合的方法，用于实现总体效率、噪声最小化、瞬态响应和包装问题。如果控制电路的功耗小到可以忽略不计，则线性稳压器可具备的最佳理论效率为

$$\eta = \frac{U_{reg}}{U_p} \times 100\% \tag{6.3}$$

式中：U_{reg} 为稳压输出电压；U_p 为稳压输入电压。

通常，在线性稳压器配置中，大部分能量通过通道元件或串联功率半导体耗散掉。将电压释放器与通道元件串联，可降低通道元件耗散。

如图 6.9 所示，将电阻器与通道元件串联，可将一部分能量转移至电阻器，但该方法无法整体提高端到端效率。

为此，可用于串联路径的理想电压释放器元件，是一个能量存储元件，如电容器或电感器。如果将电感器电压用作电压释放器，则流经电感器的电流无法达到恒定。电容器是串联释放元件的一种匹配的备选装置，但在电容非常小的情况下，将快速阻住电路，瞬间阻住电流。如 6.1 节中所论述的，一个极大的理想电容器在逻辑上可以在串联的线性稳压器中用作无损释放器。选择超级电容器作为串联释放元件的基本概念如下。

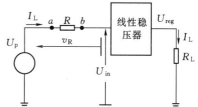

图 6.9 将电阻器与通道元件串联布置，以降低耗散

在非常大的电容器 C 下（如超级电容器），当有有限充电（或放电）电流 $i(t)$ 在有限时间 t 内流动时，电压变化（du）是非常小的，即

$$du = \int_0^t \frac{1}{C} i(t) dt \tag{6.4}$$

直流电压超级电容（等效串联电阻值可以忽略不计）等大型电容器可在串联路径中用作电压释放器，则根据适用于该特定电路的操作原则，在有限时间内向电容器充电所造成的电压变化（du）效应可以忽略不计。例如，当一个大型电容器在有限时间内与电路串联，则该电容器将不作为在该时间内充电过程中所形成电路的阻止元件。基于这个简单原则，使用单个超级电容或超级电容串联阵列存储或释放能量，研发出了适用于线性稳压器并以效率提高技术的超级电容（Kularatna，Fernando，2009，2011）。

6.3.2 基本概念

图 6.10 说明了这一概念：超级电容 C_{SC} 与输入低压差稳压器串联。由于串联电容器

较大（以法拉为单位），使流经的电流可满足合理时间内的充电需要。基于这个简单的原则，单个超级电容器可以周期性地存储和释放能量。如图6.10（a）所示，第一阶段操作中，由非稳压电源向超级电容充电。当低压差稳压器输入电压值 U_{in} 降到最小容许电压 U_{in}^{min} 时，切换至下一操作阶段。在此阶段，断开非稳压电源，将超级电容与输入低压差稳压器并联，如图6.10（b）所示，将超级电容中的储能释放。

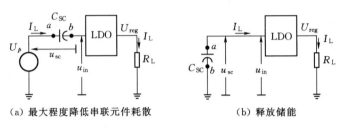

（a）最大程度降低串联元件耗散　　　　　（b）释放储能

图6.10　超级电容储能和回收概念

假设充电持续一段时间 t 之后，超级电容（C_{SC}）的初始电压为 $U_{SC}(0)$，通过电容器的瞬时电压 U_{SC} 为

$$U_{SC} = U_{SC}(0) + \frac{I_L t}{C_{SC}} \tag{6.5}$$

式中：I_L 为从非稳压电源输入电容器的负载电流（可以假定负载起到恒流槽的作用，而从低压差稳压器流入接地的旁路电流可以忽略不计）。

非稳压源电压 U_p 等于超级电容电压与低压差稳压器输入电压之和，即

$$U_p = U_{SC}(t) + U_{in}(t) \tag{6.6}$$

充电时间结束时，当电容器电压达到 $U_p - U_{in}^{min}$，超级电容可充电至 U_{in} 达到 U_{in}^{min}。为在下一阶段使该超级电容放电至 U_{in}^{min}，必须满足标准：$U_p - U_{in}^{min} > U_{in}^{min}$。于是具备条件：$U_p > 2U_{in}^{min}$。

当充电循环结束时，储能释放如图6.10（b）所示。放电将持续至低压差稳压器输入电压下降回到 U_{in}^{min}，满足以下方程：

$$U_p - 2U_{in}^{min} = \frac{I_L \Delta t}{C_{SC}} \tag{6.7}$$

操作期间的前一半时间，该电路仅从非稳压输入中吸附电压：在超级电容充电阶段，超级电容可从非稳压电源中吸附电流，而在放电过程中，超级电容将能量输送至低压差稳压器（保持非稳压电源与系统断连）。

考虑超级电容在充-放电循环期间的电荷平衡，有

$$I_L t_{ch} = I_L t_{dch} \tag{6.8}$$

式中：t_{ch} 为充电时间；t_{dch} 为放电时间。

于是有

$$t_{ch} = t_{dch} \tag{6.9}$$

因此，自非稳压电源消耗的平均输入电流为

$$I_{avg} = \frac{I_L t_{ch}}{t_{ch} + t_{dch}} = \frac{I_L}{2} \tag{6.10}$$

假设电容和开关元件都是理想装置，控制电路功耗可忽略不计，则端到端效率大致为

$$\eta = \frac{P_{\text{out}}}{P_{\text{in}}} = \frac{U_{\text{reg}} I_{\text{L}}}{U_{\text{p}} \dfrac{I_{\text{L}}}{2}} = \frac{2U_{\text{reg}}}{U_{\text{p}}} \tag{6.11}$$

以上论述适用于 12V—5V 转换器等实际 DC‐DC 变换器，其可达到的最大端到端效率为 $5/12 \times 100\%$，约等于 42%。在实际实施中，对于最小稳压状态下输入电压为 5.3V 等的商业低压差稳压器片，超级电容可用于 6.7（12V—5.3V）至 5.3V 之间的直流电压。如上述公式（6.11），可实现的最高效率为 84%。初步验证概念项目时，实现了 79%～81% 的实际值（Kularatna，Fernando，2009；Kularatna 等，2010）。关于该主题的更多论述，请参见 6.6 节。通常，实际情况是，串联模式下，在充电循环期间，超级电容保持以高于平均直流电压的电压充电，随后，超级电容将放电至达到低压差稳压器运行所需的最小电压，并保持直流轨迹断连。

6.4　超级电容辅助低压差线性稳压器的广义概念

前文论述中的简易实例只需要一个超级电容和四个低速开关器即可组成。但在通常情况下，对于降压转换器，我们可以将基本思路扩展到适用于大多数降压转换器的通常情况。

6.4.1　与并联超级电容阵列串联

图 6.11 所示，是将理想串联超级电容阵列 $n(C_{\text{sc}})$ 与低压差稳压器输入电路串联。当满足标准 $U_{\text{p}} > 2U_{\text{in}}^{\min}$ 时，该配置适用于超级电容辅助低压差线性稳压器。基本上，这是单个超级电容 $n = 1$ 的扩展版示例。超级电容的数量 n 的计算公式为

$$n < \frac{U_{\text{p}} - U_{\text{in}}^{\min}}{U_{\text{in}}^{\min}} \tag{6.12}$$

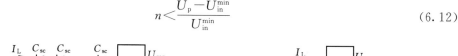

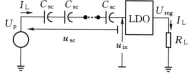
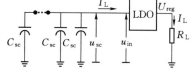

（a）最大程度降低串联元件耗散的　　　　　（b）释放储能的 n 个并联放电电容器
n 个充电电容器

图 6.11　$U_{\text{p}} > 2U_{\text{in}}^{\min}$ 的超级电容辅助低压差线性稳压器的概念

由于串联电容器阵列的等效电容较大（以法拉为单位），使流经的电流可满足合理时间内的充电需要。如图 6.11（a）所示，在第一个运行阶段中，串联电容器阵列将充电至达到低压差稳压器输入电压值，U_{in} 下降至其可达到的最低输入电压 $U_{\text{in}}^{\min}$。

假设充电持续一段时间 t 之后，超级电容（C_{sc}）的初始电压为 $U_{\text{sc}}(0)$，通过电容器的瞬时电压 U_{sc} 的计算公式为

$$U_{\text{sc}} = U_{\text{sc}}(0) + \frac{I_{\text{L}} t}{C_{\text{sc}}} \tag{6.13}$$

式中：I_{L} 为充电过程中从电源输入每个电容器的负载电流（假设接地插脚电流可以忽略

不计）。

充电结束时，单个电容器的电压为

$$U_{\mathrm{sc}}^{\max}=\frac{U_{\mathrm{p}}-U_{\mathrm{in}}^{\min}}{n} \tag{6.14}$$

当这一阶段结束时，超级电容阵列连接至低压差稳压器输入电路，形成并联电容器阵列，如图 6.11（b）所示，以释放储能。该放电将持续至低压差稳压器输入电压下降回到 $U_{\mathrm{in}}^{\min}$。

超级电容充电阶段（t_{ch}），该电路从非稳压电源吸收电能，而在放电过程中（t_{dch}），超级电容器将能量输送至低压差稳压器（保持非稳压电源与系统断连）。

考虑单个电容器在充放电循环期间的电荷平衡，有

$$I_{\mathrm{L}}t_{\mathrm{ch}}=\frac{I_{\mathrm{L}}}{n}t_{\mathrm{dch}} \tag{6.15}$$

于是有

$$t_{\mathrm{dch}}=nt_{\mathrm{ch}} \tag{6.16}$$

从非稳压电源吸附的平均输入电流为

$$I_{\mathrm{avg}}=\frac{I_{\mathrm{L}}t_{\mathrm{ch}}+0\times t_{\mathrm{dch}}}{t_{\mathrm{ch}}+t_{\mathrm{dch}}}=\frac{I_{\mathrm{L}}}{n+1} \tag{6.17}$$

假设电容和开关元件都是理想装置，控制电路功耗可忽略不计，则端到端的效率大致为

$$\eta=\frac{P_{\mathrm{out}}}{P_{\mathrm{in}}}=\frac{I_{\mathrm{L}}U_{\mathrm{reg}}}{U_{\mathrm{p}}I_{\mathrm{avg}}}=\frac{I_{\mathrm{L}}U_{\mathrm{reg}}}{U_{\mathrm{p}}\dfrac{I_{\mathrm{L}}}{n+1}}=(n+1)\frac{U_{\mathrm{reg}}}{U_{\mathrm{p}}} \tag{6.18}$$

6.4.2 与串联超级电容阵列并联

如图 6.12（a）所示，是将 n 个理想并联超级电容（C_{sc}）形成的阵列与低压差稳压器输入电路连接。该方法适用于超级电容辅助低压差线性稳压器。

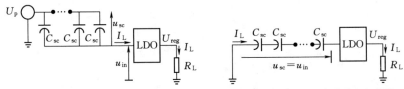

（a）最大程度降低串联元件耗散的　　　　（b）释放储能的 n 个串联放电电容器
　　n 个并联充电电容器

图 6.12　$U_{\mathrm{p}}<2U_{\mathrm{in}}^{\min}$ 的超级电容辅助低压差线性稳压器的概念

其中，$U_{\mathrm{p}}<2U_{\mathrm{in}}^{\min}$。超级电容的数量 n 可以使用以下公式得出。

$$n>\frac{U_{\mathrm{in}}^{\min}}{U_{\mathrm{p}}-U_{\mathrm{in}}^{\min}} \tag{6.19}$$

由于并联电容器阵列的合成电容较大（以法拉为单位），使流经的电流可满足合理时间内的充电需要。如图 6.12（a）所示，在第一个运行阶段中，并联电容器阵列将充电至达到低压差稳压器输入电压值，U_{in} 下降至 $U_{\mathrm{in}}^{\min}$。

假设充电持续一段时间 t 之后，超级电容（C_{SC}）的初始电压为 $U_{\mathrm{SC}}(0)$，通过电容器的瞬时电压 U_{SC} 为

$$U_{\mathrm{SC}} = U_{\mathrm{SC}}(0) + \frac{I_{\mathrm{L}}t}{nC_{\mathrm{SC}}} \tag{6.20}$$

其中，I_{L}/n 表示充电过程中从电源输入每个电容器的负载电流部分（假设接地插脚电流可以忽略不计）。

充电结束时，单个电容器的电压为

$$U_{\mathrm{sc}}^{\mathrm{max}} = U_{\mathrm{p}} - U_{\mathrm{in}}^{\mathrm{min}} \tag{6.21}$$

如图 6.12（b）所示，在下一个运行阶段中，使用了串联电容器阵列，将储能释放，直至低压差稳压器输入电压下降回至 $U_{\mathrm{in}}^{\mathrm{min}}$。

考虑单个电容器在充放电循环期间的电荷平衡，有

$$\frac{I_{\mathrm{L}}}{n}t_{\mathrm{ch}} = I_{\mathrm{L}}t_{\mathrm{dch}} \tag{6.22}$$

于是有

$$t_{\mathrm{dch}} = \frac{t_{\mathrm{ch}}}{n} \tag{6.23}$$

因此，从非稳压电源吸附的平均输入电流为

$$I_{\mathrm{avg}} = \frac{I_{\mathrm{L}}t_{\mathrm{ch}} + 0 \times t_{\mathrm{dch}}}{t_{\mathrm{ch}} + t_{\mathrm{dch}}} = \frac{I_{\mathrm{L}}}{1 + \frac{1}{n}} \tag{6.24}$$

类似于 $U_{\mathrm{p}} > 2U_{\mathrm{in}}^{\mathrm{min}}$ 的情况，在理想条件下，端到端效率大致为

$$\eta = \frac{P_{\mathrm{out}}}{P_{\mathrm{in}}} = \frac{I_{\mathrm{L}}U_{\mathrm{reg}}}{U_{\mathrm{p}}I_{\mathrm{avg}}} = \frac{I_{\mathrm{L}}U_{\mathrm{reg}}}{U_{\mathrm{p}}\dfrac{I_{\mathrm{L}}}{1 + \frac{1}{n}}} = \left(1 + \frac{1}{n}\right)\frac{U_{\mathrm{reg}}}{U_{\mathrm{p}}} \tag{6.25}$$

表 6.2 总结了满足 $U_{\mathrm{p}} > 2U_{\mathrm{in}}^{\mathrm{min}}$ 标准的单个超级电容基本配置，和满足 $U_{\mathrm{p}} > 2U_{\mathrm{in}}^{\mathrm{min}}$ 和 $U_{\mathrm{p}} < 2U_{\mathrm{in}}^{\mathrm{min}}$ 标准的两种常见电容器阵列配置的特点。η_{r} 效率提高倍数是该技术的基准指标，且对于章节 6.4 中论述的两种不同常见实例，$U_{\mathrm{p}} > 2U_{\mathrm{in}}^{\mathrm{min}}$ 和 $U_{\mathrm{p}} < 2U_{\mathrm{in}}^{\mathrm{min}}$ 两种条件下分别为 $(1+n)$ 和 $\left(1 + \frac{1}{n}\right)$。

表 6.2　三种不同的超级电容辅助低压差线性稳压器拓扑结构实例下的参数值

参数	$U_{\mathrm{p}} > 2U_{\mathrm{in}}^{\mathrm{min}}$ 的基本配置	$U_{\mathrm{p}} > 2U_{\mathrm{in}}^{\mathrm{min}}$ 的一般配置	$U_{\mathrm{p}} < 2U_{\mathrm{in}}^{\mathrm{min}}$ 的一般配置
n	1	$n < \dfrac{U_{\mathrm{p}} - U_{\mathrm{in}}^{\mathrm{min}}}{U_{\mathrm{in}}^{\mathrm{min}}}$	$n > \dfrac{U_{\mathrm{in}}^{\mathrm{min}}}{U_{\mathrm{p}} - U_{\mathrm{in}}^{\mathrm{min}}}$
k	4	$3n+1$	$3n+1$
$U_{\mathrm{sc}}^{\mathrm{max}}$	$U_{\mathrm{p}} - U_{\mathrm{in}}^{\mathrm{min}} - I_{\mathrm{L}}(2r + r_{\mathrm{sc}})$	$\dfrac{1}{n}\{U_{\mathrm{p}} - U_{\mathrm{in}}^{\mathrm{min}} - I_{\mathrm{L}}[(n+1)r + nr_{\mathrm{sc}}]\}$	$U_{\mathrm{p}} - U_{\mathrm{in}}^{\mathrm{min}} - \dfrac{I_{\mathrm{L}}}{n}(2r + r_{\mathrm{sc}})$
t_{ch}	T_1	$\dfrac{T_{\mathrm{n}}}{n}$	T_{n}

参数	$U_p > 2U_{in}^{min}$的基本配置	$U_p > 2U_{in}^{min}$的一般配置	$U_p < 2U_{in}^{min}$的一般配置
t_{dch}	T_1	T_n	$\dfrac{T_n}{n}$
η_r	2	$1+n$	$1+\dfrac{1}{n}$

注： n—超级电容数量；k—开关数量；U_{sc}^{max}—超级电容最大电压；t_{ch}—超级电容的充电时间；t_{dch}—超级电容放电时间；η_r—效率提高倍数。

6.5　实例

12V—5V、5V—3.3V 和 5V—1.5V 等常见 DC‐DC 变换器的超级电容辅助低压差线性稳压器的技术配置很容易，且相比同等输入‐输出结合型线性转换器，该技术可使效率分别提高 2 倍、1.33 倍和 3 倍（Kularatna，Fernando，2009；Kularatna 等，2010，2011a，b，c；Kankanamge，Kularatna，2012）。例如，在 5V—1.5V 超级电容辅助低压差线性稳压器中，用小于 1F 至数法拉的薄超级电容器，使端到端效率大致接近于 90%。表 6.3 列出了每个传输阶段的效率（假设低压差稳压器未突然断连）。该表可用作关于该新型拓扑结构如何辅助提高线性稳压器端到端效率的概览，着眼于充分利用基于线性稳压器的 DC‐DC 变换器。下一章将讨论这些拓扑结构的实际实施。

表 6.3　　　　　　　　　　一些有用的参数及所选转换器所需数值

配　置	端到端稳压需求	低压差稳压器最小输入电压	电容器要求			放电过程中不同运行阶段的大致效率			效率提高倍数		标准稳压器的最高理论效率/%
			电容器数量	单个电容器放电电压/V		@最大电压	@中等电压	@最小电压			
				最大	中等	最小						
$U_p < 2U_{in}^{min}$	5V—3.3V	3.5	3	1.50	1.40	1.20	73%	78%	92%	$1+1/n$	1.33	66
$U_p > 2U_{in}^{min}$	12V—5V	5.3	1	6.50	6.00	5.30	77%	83%	93%	2	2	42
$U_p > 2U_{in}^{min}$	5V—1.5V	1.6	2	1.70	1.65	1.60	88%	91%	94%	$1+n$	3	30

6.6　超级电容辅助低压差线性稳压器的实施示例

6.6.1　12V—5V 超级电容辅助低压差线性稳压器

图 6.13 是满足 $U_p > 2U_{in}^{min}$标准的 12V—5V 基本配置（$n=1$）超级电容辅助低压差线性稳压器的实施示意图。在该原型的设计过程中，将美国微芯科技公司的 MCP1827 型低压差稳压器规格如表 6.4 所示。用作主要低压差线性稳压器。为提高低压差稳压器的运行效率，选择了比稳压输出电压（5V）高 0.3V 的近似低压差稳压器输入电压，使 U_{in}^{min} 保持在 5.3V。由于电源输入电压约为 12V、稳压输出为 5V，将三个 Maxwell 公司的 PC 系列型号 4F/2.5V 的超级电容串联，然后将串联释放器元件保持在所需电压水平。于是，以

1.33F/7.5V 合成电容器为串联电容器。

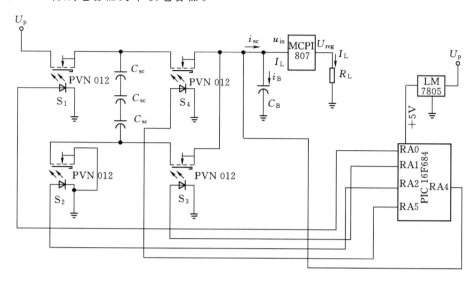

图 6.13　利用 MCP1827 型低压差稳压器、4F/2.5V 设计的 Maxwell 超级
电容器、PVN012 光伏开关器、PIC16F684 微控制器和 LM7805 稳压器
设计的 12V—5V 超级电容辅助低压差线性稳压器的示意图

表 6.4　　将低压差稳压器用于超级电容辅助低压差线性稳压器原型的重要规格

规　　　格	MCP1827	规　　　格	MCP1827
最大输出电流/A	1.5	可调节输出电压范围/V	0.8～5.0
输入电压范围/V	2.3～6.0	瞬态响应	快速响应负载瞬变
低压差电压/mV	(1.5A 负载下) 330	稳定性	1.0μF 陶瓷输出电容器条件下稳定

将美国国际整流器公司的 PVN012 型固态继电器用作 S_1、S_2、S_3 和 S_4 开关器。开关器 S_1 和 S_3 控制着超级电容的充电阶段，而 S_2 和 S_4 控制着放电阶段。在该概念验证原型中，固态继电器将用于避免常见功率金属氧化物半导体场效电晶体管体二极管产生复杂问题。将 PIC16F684 型正阻抗转换器 (PIC) 用作控制器，以驱动光电开关器。将一个独立的 5V 稳压器 (LM7805) 用于给微控制器功能。S_1、S_2、S_3 和 S_4 开关器分别经由微控制器的 RA0、RA5、RA1 和 RA2 端口插脚控制。通过 RA4 端口插脚监测低压差稳压器的输入电压。使用 10bit 模拟数字正阻抗转换器 (以 4MHz 振荡频率运行)，将插脚电压水平转换成数字格式。然后将结果与基准点 (最低低压差稳压器工作电压的数字值 U_{in}^{min}) 作对比，再以超级电容器充、放电之间的切换对应至放电相位。微控制器固件的开发旨在用于基于图 6.14 所示的算法流程图驱动开关。

转换期间，t_{sw} 的设计旨在适应 PVN012 开关器的任何过渡延迟。于是在电路从超级电容器充电模式过度至放电模式之前，可产生短时间延迟。该延迟时间由正阻抗转换器微控制器根据开关延迟来设定。根据开关数据表确定延迟时间，通常约为 300ms。图 6.15 介绍了 PVN012 开关的延迟特性。

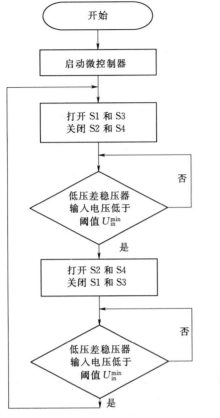

图 6.14　正阻抗转换器算法流程图　　　　图 6.15　PVN012 开关器的延迟特性

为保持线性稳压器在开关电源过渡过程中持续供电，将具备足够大电容的缓冲电容器 （CB），连接至线性稳压器输入电路和接地终端之间。在 t_{sw} 时间内，预计缓冲电容器可放电至低压差稳压器输入电路。缓冲电容器 （CB） 的值可使用低压差稳压器的最大负载电流能力 （I_L^{max}）、PVN012 开关的切换延迟时间 （t_{sw}），和低压差稳压器输入电路可出现的最低输入电压 （U_{in}^{min}），按公式 （6.26） 来确定。选择了 1000mF 电解电容器作为 12V—5V 超级电容辅助低压差线性稳压器设计的缓冲电容器。

$$C_B = \frac{I_L^{max} t_{sw}}{U_{in}^{min}} \tag{6.26}$$

图 6.16 所示是 12V—5V 超级电容辅助低压差线性稳压器的原型设计。

6.6.1.1　负载调整率

图 6.17 （a）～（d） 介绍了电路分别以 200mA、400mA、600mA 和 800mA 负载电流运行期间的示波器波形。上述阶段中，输入电源电压维持在 12V。随着负载电流的增大，开关操作频率也增大。当流经超级电容的电流增大，达到阈值电压水平的耗时将缩短。因此，超级电容的充电和放电循环耗时更短。图 6.17 中，1～4 号线分别表示低压差稳压器输入电压 （U_{in}）、三个超级电容之一的电压 （U_{SC}）、低压差稳压器输出电压 （U_{reg}） 和自非稳压电源输入的电流 （I_{in}）。3 号线 U_{SC} 清楚地表明超级电容在电路运行期间的充放电

图 6.16　12V—5V 超级电容辅助低压差线性稳压器的原型设计

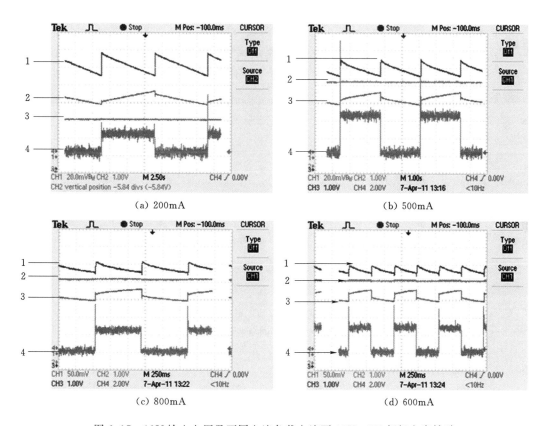

(a) 200mA

(b) 500mA

(c) 800mA

(d) 600mA

图 6.17　12V 输入电压及不同电流负载电流下 12V—5V 超级电容辅助
低压差线性稳压器的示波器波形
1—低压差稳压器的输入电压；2—三个超级电容器的电压；3—低压差稳压器
的输出电压；4—自非稳压电源消耗的输入电流

循环。1 号线体现了低压差稳压器输入电压在充放电循环期间的变化。4 号波形轨迹 I_{in} 表明，充放电循环期间从非稳压电源流入的电流。由此清楚地表明，该电路只在超级电容充电阶段消耗大量电流。放电阶段，只消耗少量电流，用于控制电路工作。通过将一个 0.1Ω 的串联电阻器与非稳压电源和电路的输入端子串联，测得该 I_{in}。

由于时间和预算有限，超级电容辅助低压差线性稳压器原型的控制电路电流没有设置成最小值。因此，未考虑控制电路电流的计算。

在接下来的计算中，假设 U_p、I_{in}、U_{reg}、I_L 和 I_c 分别为非稳压电源输入电压、非稳压电源消耗电流、输出电压、输出电流和超级电容辅助低压差线性稳压器的控制电流电流。将控制电路电流忽略不计，则超级电容充、放电循环期间，从非稳压电源消耗的平均电流为

$$I_{avg} = \frac{I_{in} - I_c}{2} \tag{6.27}$$

超级电容辅助低压差线性稳压器循环的整体端到端效率可估算为

$$\eta = \frac{U_{reg} I_L}{U_p I_{avg}} \times 100\% \tag{6.28}$$

根据实验结果，12V—5V 超级电容辅助低压差线性稳压器的端到端效率结果可使用式（6.27）和式（6.28）来估算：随着负载电流增大至 $100 \sim 800\text{mA}$，循环频率从 0.05Hz 增大至 4Hz。图 6.18 是基于实验结果（Gunawardane，2014）的负载调整图，负载调整率约 $0.04\%/\text{mA}$。

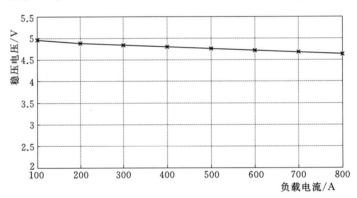

图 6.18　12V—5V 超级电容辅助低压差线性稳压器在
12V 输入电压下的负载调整图

6.6.1.2　电源电压调整率

当输入电压增大时，开关器的操作频率降低。原因是，当非稳压输入电压和低压差稳压器输入的阈值电压水平之差增大时，超级电容储能也将增大。因此，超级电容的充、放电循环均需要更长时间，从而降低了开关器的操作频率。图 6.19（a）~（d）表明了分别以 13.5V、13V、12V 和 11.5V 输入电压运行电路的过程中，示波器的波形。各阶段中，负载电流维持在 250mA。图 6.19 中，1~4 号线分别表示低压差稳压器输入电压（U_{in}）、三个超级电容之一的电压（U_{sc}）、低压差稳压器输出电压（U_{reg}）和系统输入电流（I_{in}）。3 号线 U_{sc} 清楚地表明超级电容充、放电循环过程中的电路运行情况。1 号线体现了低压差稳压器输入电压在充-放电循环期间的变化。

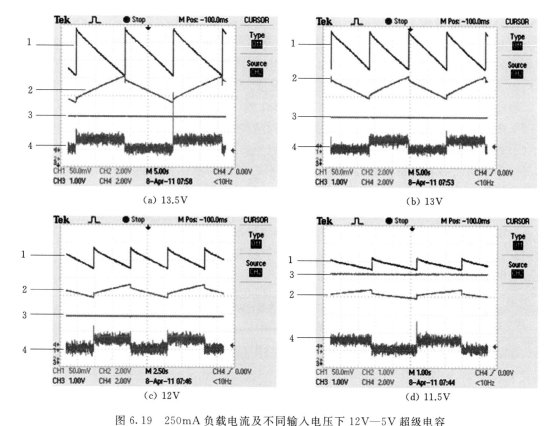

图 6.19　250mA 负载电流及不同输入电压下 12V—5V 超级电容
辅助低压差线性稳压器的示波器波形

1—低压差稳压器的输入电压；2—三个超级电容的电压；3—低压差稳压器的输出电压；
4—自非稳压电源消耗的输入电流

I_{in} 线清楚地表明，电路仅在超级电容充电阶段消耗大量电流，而在放电阶段，仅消耗少量电流，用于运行控制电路。图 6.20 是相应电源电压调整率示意图。与负载调整的计算相同，本计算中将控制电路电流忽略不计。

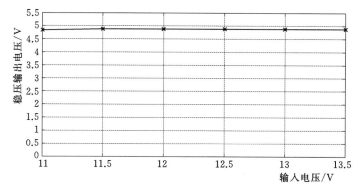

图 6.20　250mA 负载电流下 12V—5V 超级电容辅助低压差线性
稳压器的电源电压调整率实验结果

6.6.1.3 端到端效率

根据负载调整率实验结果（Gunawardane，2014），计算了端到端效率。图 6.21 展示了相应的效率与负载电流的对比。图 6.22 应用电源电压调整率实验数据（Gunawardane，2014），绘制了效率与输入电压的对比图。该图展示了超级电容器辅助低压差线性稳压器技术的理论性能、实际性能和标准线性稳压器性能（12V—5V 稳压器）的对比情况。相比用于相同输入-输出组合的线性稳压器 42% 的最高理论效率，该原型的整体端到端效率达到了 70%～80%。图 6.22 中表明，新型超级电容辅助低压差线性稳压器的实施效率得到提高。该图表明，无损释放器超级电容技术的理论和实际测得的功率效率之间存在3%～5% 的差异。该差异是由于理论曲线忽略了开关电阻的损失和电容器等效串联电阻。有必要将上述由等效串联电阻和开关电阻导致的 3%～5% 的损失因素实际情况，与损失率通常仅 10%～30%（由二极管静态和动态损失、高频开关晶体管和其他寄生效应所致）的商业开关式配置作对比。该对比可表明，基于超级电容的新型无损释放器技术——超级电容辅助低压差线性稳压器具有显著优势。

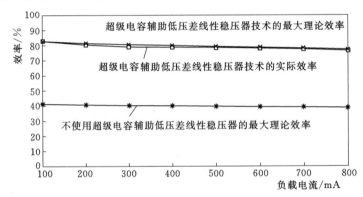

图 6.21　12V 输入电压下 12V—5V 超级电容辅助低压差线性
稳压器的效率与负载电流

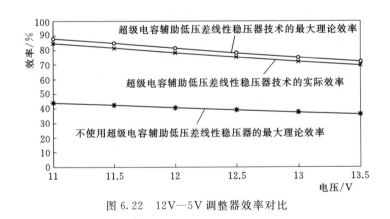

图 6.22　12V—5V 调整器效率对比

6.6.2　负载瞬态响应

6.6.2.1　直流电源的输出电流转换速率

一个稳压良好的电源对于能否实现合理运行和可靠的现代高速微处理器是至关重要

的。这需要以更短的时间、很小的电压容差和智能电压计划，快速输出大电流。该电压调整必须限制在±5%以内，这一容差即表示直流设置点精确度、温度和输入电压变化精确度和瞬态响应的整体结果。如果处理器的电压太高或太低，甚至处理器电压临时性过高或过低，均可导致处理器终端运行问题。在实现这种严格电压要求的过程中，包括稳态输出电压和瞬态响应的电源总体精确度是至关重要的（Glaser，2011）。Intel和AMD的最新CPU电压调节器规格需要负载电流率旋转速率达到50～200A/ms，峰值电流达到60A至高于120A（Gentchev，2000）。

在快速连续的负载瞬变（di/dt）条件下，对可保持良好运行的荷载点（POL）转换器的需求日益增长。最近，已经推出了能够处理高达300A/ms瞬变的荷载点转换器。转换器设计期间，以及产品研发的测试和验证阶段，这种性能水平向工程师们提出了新的挑战。将高频转换器运行与快速负载瞬变相结合，需要严格的设计实践和深入了解所设计与测试设置的每个元件（Callanan，2004）。

在现代基于微处理器的系统中，以低电压、GHz时钟频率、高功率和能够胜任快速电流瞬变的能力运行，需要新一代电压调节模块（VRM）。瞬态响应是最重要的电压调节模块测试，也最难执行。电压调节模块必须保持调节至高过渡率以下，因此，对于产生快速负载脉冲或单一过度，以验证电压瞬变水平和指定载荷下的瞬态响应是至关重要的。与传统电源一样，不同的加载模式可能导致瞬态响应时间和电压水平的显著差异。因此，模拟快速负载变化的电子负载对于验证电压调节模块的瞬态响应是必要的。为验证瞬态响应，必须测量载荷时间上升和下降的阶跃变化。通常，这类测试需要负载能够产生速度比电源快5倍左右的上升和下降时间（Lee，2001）。

6.6.2.2　12V—5V超级电容辅助低压差线性稳压器的负载瞬态响应

应用TEXIO PXL-151A直流电子负载测量了超级电容辅助低压差线性稳压器原型的负载瞬变。

一旦开关负载电流设置为TEXIO直流负载，即连接至超级电容辅助低压差线性稳压器原型，则可通过Tektronix数字示波器观察到相应的输出电压变化。为更好地观察变化，启用了示波器的交流耦合模式。对于给定的负载上升和下降极限转换速率，记录了相应输出电压变化的瞬态电压波形和瞬变时间。图6.23展示了用于瞬态测量的试验设置。图6.24展示了TEXIO PXL-151A直流电子负载的典型电流阶跃。

图6.23　应用TEXIO直流电子负载对超级电容辅助低压差线性稳压器实施的瞬态测量设置

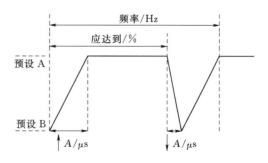

图6.24　TEXIO PXL-151A直流电子负载的典型电流阶跃

图 6.25 所示是 12V—5V 超级电容辅助低压差线性稳压器的瞬态电压变化。其中，1 号线表示电流阶跃；2 号线表示对应的瞬态电压变化。

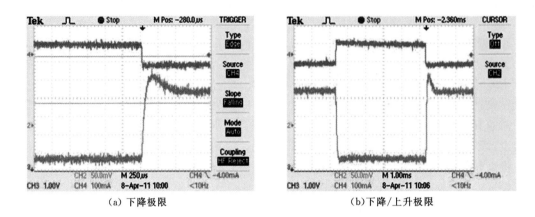

（a）下降极限　　　　　　　　　　　　（b）下降/上升极限

图 6.25　12V—5V 超级电容辅助低压差线性稳压器的瞬变测量

6.6.3　5.5V—3.3V 超级电容辅助低压差线性稳压器

图 6.26 是 5.5V—3.3V 超级电容辅助低压差线性稳压器流程图，展示了 $U_p < 2U_{in}^{min}$ 标准（$n=3$）实例的实施方法。

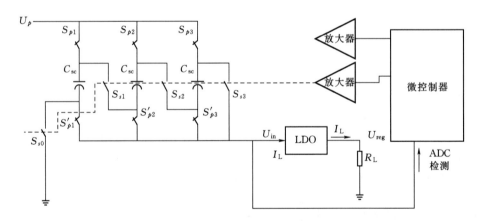

图 6.26　5.5V—3.3V 超级电容辅助低压差线性稳压器方框图

图 6.27 是该超级电容辅助低压差线性稳压器的安装示意图。将 Linear Technology 公司的低压差稳压器 LT1963-3.3（规格如下）用作原型的主要低压差线性稳压器（图 6.28）：

（1）输出电流：1.5A。

（2）固定输出电压：3.3V。

（3）电压差：340mV。

（4）静态电流：1mA。

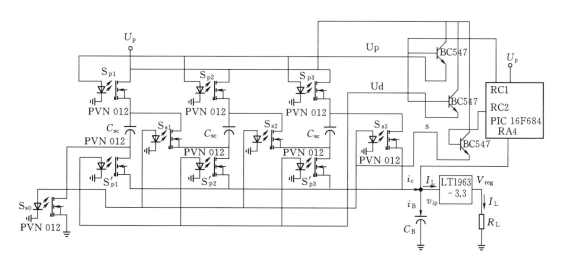

图 6.27　利用低压差稳压器 LT1963 - 3.3、三个 1.2F/2.5V Maxwell 超级电容器、
十个 PVN012 光伏开关器、一个 PIC16F684 微控制器、两个电流放大器和一个
LM7805 稳压器设计的 12V—5V 超级电容辅助低压差线性稳压器

（5）专为用于瞬态响应而优化。

为保持较好的低压差稳压器运行状况，将低压差稳压器输入电压保持在至少高于所需输出电压 0.3V，使 U_{in}^{min} 保持在 3.6V。

最初，计划设计 5.5V—3.3V 稳压器，但由于开关电阻损失和超级电容等效串联电阻损失，将输入电压维持在 5.5V，以克服串联电阻导致 U_{in}^{min} 下降至不可接受水平的问题。将三个 Cap - XX 型 1.2F/2.5V 超级电容用作相同超级电

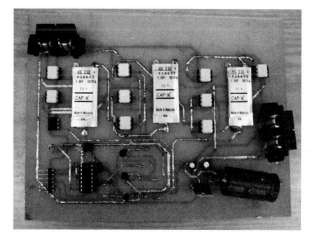

图 6.28　5.5V—3.3V 超级电容辅助低压差线性稳压器原型

容器组（C_{SC}）。将 PIC16F684 型正阻抗转换器（PIC）用作控制器，以驱动光电开关器。通过正阻抗转换器微控制器的 RA4 端口插脚监测低压差稳压器的输入电压。开关组（6 个） S_{p1}、S_{p2}、S_{p3}、S'_{p1}、S'_{p2}、S'_{p3} 和开关组（4 个）S_{s0}、S_{s1}、S_{s2}、S_{s3} 分别通过端口插脚 RA1 和 RA2 控制。为利用一个控制信号控制几个开关，将两个电流放大器分别用于开关器的并联和串联。利用开关组 S_{p1}、S_{p2}、S_{p3}、S'_{p1}、S'_{p2}、S'_{p3}，将三个超级电容保持并联。将该电容器组与低压差稳压器输入电路串联，以保持超级电容从非稳压电源充电，同时保持对低压差稳压器运行的需要。充电过程中，低压差稳压器达到 3.6V，由控制器开启开关组 S_{s0}、S_{s1}、S_{s2}、S_{s3}，并关闭另一组开关器，以保持三个串联超级电容释放储能。储能释放直至低压差稳压器达到 3.6V 条件，然后再次切换回充电配置。为保持线性稳压器在该过渡过程中持续供电，将具备足够大电容的缓冲电容器（CB）连接至线性稳压器输入电路

和接地终端之间。将十个 PVN012 光伏继电器用作开关器，以保持超级电容组处于充、放电配置。专为该技术开发的微控制器固件以算法 $U_p > 2U_{in}^{min}$ 配置为基础，如图 6.14 所示。更多细节，包括微控制器固件，请参阅 Gunawardane 的相关文献（2014）。

6.6.3.1 负载调整率

图 6.29（a）～（d）介绍了电路分别以 200mA、600mA、1000mA 和 1300mA 负载电流运行期间的示波器波形。上述阶段中，输入电压保持在 5.5V。随着负载电流的增大，超级电容的充电和放电循环耗时缩短。图 6.29 中，1～4 号线分别表示三个超级电容之一的电压（U_{SC}）、低压差稳压器输出电压（U_{reg}）、系统输入电流（I_{in}）和低压差稳压器输入电压（U_{in}）。图 6.30 是负载调整图。

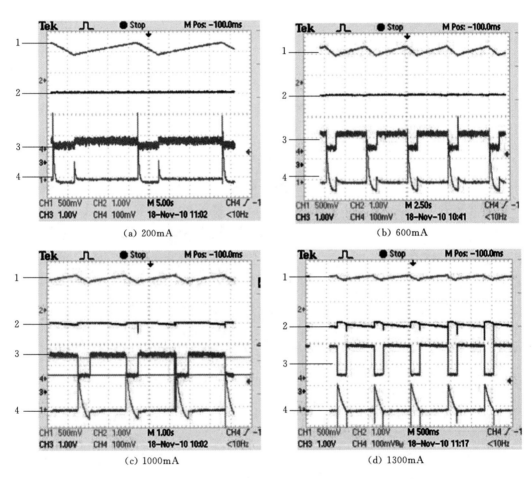

图 6.29　5.5V 输入电压及不同负载电流下，5.5V—3.3V 超级电容
辅助低压差线性稳压器的示波器波形

1—超级电容电压；2—低压差稳压器的输出电压；3—自非稳压电源消耗的输入电流；4—低压差稳压器的输入电压

6.6.3.2 电源电压调整率

图 6.31 展示了基于实验结果，对 5.5V—3.3V 超级电容辅助低压差线性稳压器的相应电源电压调整率。上述测量过程中，将负载电流固定于 300mA。

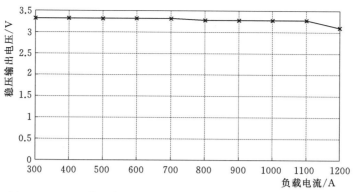

图 6.30　5.5V 输入电压下 5.5V—3.3V 超级电容辅助低压差线性
稳压器的负载调整结果

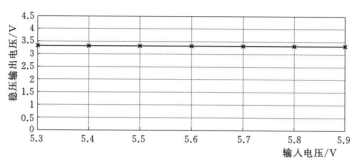

图 6.31　300mA 负载电流下，5.5V—3.3V 超级电容辅助低压
差线性稳压器的负载调整结果

6.6.3.3　端到端效率

图 6.32 应用电源电压调整率实验数据（Gunawardane，2014），绘制了端到端效率与输入电压的对比图。该图展示了超级电容辅助低压差线性稳压器技术的理论性能、实际性能和标准线性稳压器性能（5.5V—3.3V 稳压器）的对比情况。相比用于相同输入-输出组合的线性稳压器 60% 的最高理论效率，该原型的整体端到端效率达到了 75%～85%。图 6.32 中表明，新型超级电容辅助低压差线性稳压器的实施效率得到提高。该图表明，超级电容辅助低压差线性稳压器技术的理论和实测功率效率之间存在 1%～2% 的差异。该差异是由于理论曲线忽略了开关电阻的损失和电容器等效串联电阻。

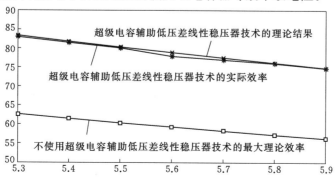

图 6.32　5.5V—3.3V 超级电容辅助低压差线性稳压器的效率比较

6.6.3.4 瞬态响应

图 6.33 所示是 5.5V—3.3V 超级电容辅助低压差线性稳压器瞬态测量的示波器波形图。对于给定的负载上升和下降极限转换速率，记录了输出电压变化的瞬态电压波形和瞬

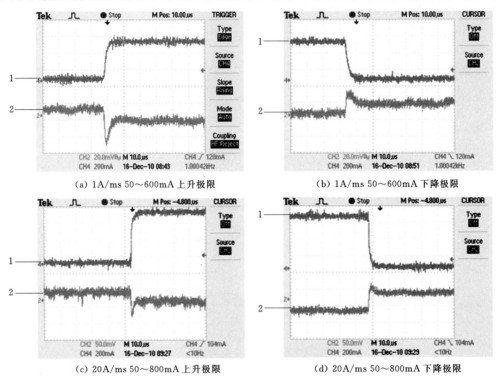

(a) 1A/ms 50～600mA 上升极限   (b) 1A/ms 50～600mA 下降极限

(c) 20A/ms 50～800mA 上升极限   (d) 20A/ms 50～800mA 下降极限

图 6.33　5.5V—3.3V 超级电容辅助低压差线性稳压器的瞬态示例
1—瞬态负载电流；2—输出电压的变化

变时间（Gunawardane，2014）。瞬态响应是一种基于输入电容器和低压差稳压器自身行为的复杂情况。在本次超级电容辅助低压差线性稳压器分析中，由于项目时间有限，没有进一步详细分析细节问题。

6.7　超级电容辅助低压差线性稳压器技术更广泛的应用

超级电容辅助低压差线性稳压器技术是一种独特的高效率线性稳压器设计方法，不涉及射频干扰（RFI）/电磁干扰（EMI）问题。有了电容值在 0.2～500F 之间的商业超级电容［超级电容器大小几乎类似于电解电容器，其等效串联电阻范围在低于 100mΩ（较小型号）～1mΩ 之间，设计者可利用该技术设计出不同型号的超级电容辅助低压差线性稳压器］。

用途可包括：

（1）大电流高效率线性稳压器。

（2）台式电脑电源。

（3）具备直流不间断电源（UPS）功能的线性高效率直流电源。

（4）电压调节模块。

由于现代超级电容通常能够以非常大的电流（如 10A 至几百安）充放电，因此，如果可以适当地施用电源开关，则该技术对于额定输出电流高达几百安的线性稳压器是非常实用的。

以实现端到端效率超过台式计算机电流能力为目标，可将技术扩展到台式计算机电源。这是超级电容辅助低压差线性稳压器技术的另一个主要潜在用途。

由于超级电容在超低等效串联电阻（低于 0.5mΩ）下最高可达到约 5000F，因此，超级电容辅助低压差线性稳压器技术（SCALDO）可以简单地通过增加超级电容的裕度进行扩展，使由交流电源产生的直流供电，继而缓解一部分交流电源损耗。但这需要另外进行电路扩展设计，将所用的超级电容预充电需求考虑在内。通过调整基础技术，尽量减少功率开关器的数量，是可以应用该技术开发全线性电压调节模块的。

目前，所有这些技术都由怀卡托大学进行研究开发（Kularatna，Wickramasinghe，2013）。

对于大电流低压差稳压器电路，应着眼于减少开关器的数量。现已有一种受到认可的此类改进技术，适用于当前超级电容器辅助低压差线性稳压器设计。使用两个相同的低压差稳压器，可将开关器数量从 $3n+1$ 减少到 $2n$。我们建议将开关精简后的超级电容器辅助低压差线性稳压器（RS-超级电容辅助低压差线性稳压器）拓扑结构用作现代电压调节模块需求的解决方案。

关于该新型稳压技术的更多理论和实验细节，请参阅（Kularatna，Wickramasinghe，2013）。如图 6.34 所示，对于使用两个相同低压差稳压器的 $U_p > 2U_{in}^{min}$ 基本超级电容辅助低压差线性稳压器设计，开关器的数量可减少至 2 个，取代目前设计中使用的 4 个。

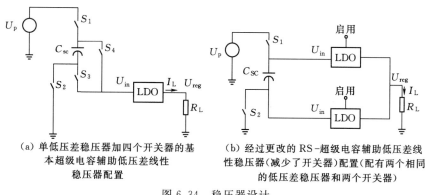

（a）单低压差稳压器加四个开关器的基本超级电容辅助低压差线性稳压器配置

（b）经过更改的 RS-超级电容辅助低压差线性稳压器（减少了开关器）配置（配有两个相同的低压差稳压器和两个开关器）

图 6.34　稳压器设计

6.8　超级电容辅助低压差线性稳压器和电荷泵的对比

有人提出将超级电容辅助低压差线性稳压器（SCALDO）用作 DC-DC 变换器的替代设计方法，将频率非常低的超级电容循环技术与商业低压差线性稳压器集成电路（IC）结合起来，达到显著高水平的端到端效率。该技术中，超级电容作为无损电压释放器，在非常低的频率下（如几赫兹至几百赫兹）即可激发能源的再利用，以消除任何射频干扰（RFI）/电磁干扰（EMI）问题。这种方法的效率优势非常接近于实际开关稳压器的效率，并且也能避免使用笨重的电感器。

需要注意的是，超级电容辅助低压差线性稳压器技术不使用超级电容来达到 DC-DC 变换的目的，不同于倍压器、电压倍增器和逆变器等开关式电容器型 DC-DC 变换器（电荷泵）。电荷泵利用微法拉级电容器，实现电压转换（开关频率数百千赫兹）。超级电容辅助低压差线性稳压器技术，仅将超级电容用作电压释放器，而现代超级电容的等效串联电阻非常小，最大程度减小了串联电容器的损失，非常接近于无损电压释放器。这种超级电容辅助低压差线性稳压器技术可以扩展到以适用于现代处理器的直流轨迹电压输出约 5~50A 的大输出电流。鉴于新系列超级电容的电流泄漏率低（相比起大充/放电电流能力：10A 至数百安），通常在 5~50mA 范围内（Mars，2012；http：//www.cap-xx.com/prod ucts/products.htm），电流泄漏造成的损失可以忽略不计。此外，由于等效串联电阻值（小于 1mΩ 至小于 100mΩ）小于等于低压金属氧化物半导体场效电晶体管的 RDS(on) 值，使超级电容成为这种新应用的最佳选择。鉴于新技术的工作频率范围在小于 1Hz 至几百赫兹之内，且新型超级电容系列的电流泄漏率非常低，因此，动态损失将远低于电荷泵。相比线性或开关稳压器，电荷泵电路的输出电压通常为非稳压，且设计目的是在额定输出负载电流和电压下，以几百千赫兹的固定开关频率运行。由于电容器和开关器尺寸的实际限制，电荷泵的应用主要局限于几十毫瓦的低、中功率水平。

表 6.5 提供了超级电容辅助低压差线性稳压器技术的功能和局限性，将其实际性能与典型开关式电容转换器进行了对比。

表 6.5　　　　超级电容辅助低压差线性稳压器（SCALDO）技术
与开关式电容转换器的对比总结

SCALDO 技术	开关式电容技术
配备超大电容器（串联，作为无损电压释放器）的线性稳压器修改后版本。电容器和开关器不转换电压	基本上属于高频电压转换开关技术
往往是下降压配置	实际上用于上升或逆变直流电压
使用非常大的电容器（超级电容）	所用电容器在几毫微法拉至几十法拉之间
操作频率是可变的，取决于负载电流。开关操作是基于在低压差稳压器输入电路上测得的最大/最小电压情况	电路设计从提供开关频率的固定的振荡器开始
用于电容器储能和能量再利用的开关频率非常低（10Hz 至几百赫兹）	开关频率范围在 10kHz 至几百千赫兹之间
负载总是能捕获线性/低压差稳压器的准确输出	负载调整率不准确，需要另一个电压调节器（线性/低压差型）捕获准确的输出电压
电容器永不与非稳压输入电源并联	循环的一部分中，电容器与非稳压电源并联
技术适用于非常大的负载电流（须为大电流能力低压差稳压器）	技术只适用于非常低的负载电流
开关器的动态损失可以忽略不计	开关器的动态损失相当高
理论上，效率倍增因数按给定配置来规定	理论上，电压转换因数适用于给定配置

鉴于上述的简单总结，显然，超级电容辅助低压差线性稳压器技术很不同于电荷泵的运行，这主要有三个原因：

（1）超级电容辅助低压差线性稳压器技术使用电容器作为无损电压释放器，并使用线性低压差线性稳压器来捕获精确的输出调整率。

（2）极低的开关频率是可变的，取决于负载电流。

（3）如果可以开发一种超级低压差稳压器，用于实现所需输出电流，则无大负载电流精确输出调整率限制［这是因为单个电池芯超级电容器的可用性（商用）范围在小于1法拉至几千法拉之间］。

参考文献

［1］ Bull C,Smith C. Integrated Building Blocks for Dual – output Buck Converter［J］. Power Electronic Technology,2003.

［2］ Callanan S. Testing high di/dt converters. Artesyn Technologies［R］. www. powerelectronics. com,2004.

［3］ Day M. Integration saves time and board space Converter. Power Management Special Supplement ［J］. Power Electronics Technology,2003:64 – 67. www. powerelectronics. com.

［4］ Falin J. A 3 – A, 1. 2 – VOUT linear regulator with 80% efficiency and PLOST＜1w Converter. Analog Appl［J］,2006:10 – 13. www. ti. com/aaj.

［5］ Gentchev A. Designing high – current, vrm – compliant CPU power supplies［J］. Analog Devices, 2000. www. edn. com.

［6］ Glaser C. Optimal transient response for processor – based systems［R］. Texas Instruments, 2011, www. powerelectronics. com.

［7］ Gunawardane K. Analysis on supercapacitor assisted low dropout regulators［R］. The University of Waikato, Ph. D. dissertation,2014.

［8］ Inouye S, Robles – Bruce M, Scherer M. Power management – general purpose analog service［J］. Databeans Incorporated. Tech. Rep. ,2010, www. databeans. net.

［9］ Jovalusky S. New energy stand ards banish linear supplies［J］. Power Electronics Technology, Power Integrations, San Jose, CA. 2005, www. powerelectronics. com.

［10］ Kankanamge K, Kularatna N. Implementation aspects of a new linear regulator topology based on low frequency supercapacitor circulation［C］. IEEE Applied Power Electronics Conference, USA. 2012.

［11］ Kester W, Erisman B, Thandi G. Switched capacitor voltage converters［R］. Analog Electronics Technical Report,1998.

［12］ Kularatna N. DC Power Supplies Power Management and Surge Protection for Power Electronic Systems［M］. CRC Press,2011.

［13］ Kularatna N, Fernando J. A supercapacitor technique for efficiency improvement in linear regulators ［C］. IEEE 35th Annual Conference of Industrial Electronics,2009:132 – 135.

［14］ Kularatna N, Fernando J. High current voltage regulator［R］. US Patent 9707 430 B2,2011.

［15］ Kularatna N, Wickramasinghe J. Supercapacitor assisted low dropout regulators(scaldo)with reduced switches:A new approach to high efficiency vrm designs［C］. IEEE International Symposium on Industrial Electronics(ISIE),2013:1 – 6.

［16］ Kularatna N, Fernando J, Kankanamge K,et al. Very low frequency supercapacitor techniques to improve the end – to – end efficiency of DC – DC converters based on commercial off the shelf LDOs ［C］. Proceeding of IEEE Industrial Electronics Conference,2010:721 – 726.

[17] Kularatna N, Kankanamge K, Fernando J. Supercaps improve LDO efficiency. Part 1: Low noise linear supplies[J]. Power Electronics Technology Magazine, 2011.

[18] Kularatna N, Kankanamge K, Fernando J. Supercapacitor enhance LDO efficiency. Part 2: Implementation[J]. Power Electronics Technology, 2011.

[19] Kularatna N, Fernando J, Kankanamge K, et al. A low frequency supercapacitor circulation technique to improve the efficiency of linear regulators based on LDO ICs[C]. IEEE Applied Power Electronics Conference, Texas, USA, 2011:1161 – 1165.

[20] Linear and Switching Voltage Regulator Handbook on Semiconductor[R]. February, 2002, http://onsemi. com.

[21] Linear regulators in portable applications. Maxim Integrated Products[R]. http://www. maxim – ic. com/an751.

[22] Lee B S. Understanding the Terms and Def initions of LDO Voltage Regulators[R]. Texas Instruments, 1999.

[23] Lee J. High slew rate electronic load checks new generation voltage regulator modules[J]. Power Electronics. Chroma ATE Inc. , Irvine, CA. 2001.

[24] Man T Y, Mok P K T, Chan M. High slew – rate push – pull output amplifier for lowquiescent current low – dropout regulators with transient – response improvement[J]. IEEE Trans. Circuits Syst. , 2007, 54(9):755 – 759.

[25] Marasco K, How to successfully apply low dropout regulators, Analog Devices [R], http://www. analog. com/library/analogdialogue/archives/43 – 08/ldo. html; www. analog. com.

[26] Mars P. Coupling a supercapacitor with a small energy harvesting source[J]. EDN Magazine http://www. edn. com/design/components – and – packaging/4374932/1/Coupling – a – supercapacitor – with – a – small – energy – harvesting – source –.

[27] Palumbo G, Pappalardo D. Charge pump circuits: An overview on design strategies and topologies [J]. IEEE Circuits Syst. Mag. , 2010:31 – 45.

[28] Rincon – Mora G A. Current Efficient, Low Voltage, Low Drop – out Regulators. Georgia Institute of Technology, Ph. D. dissertation.

[29] Rincon – Mora G A. Analog IC Design with Low – Dropout Regulators. McGraw – Hill.

[30] Simpson C. Linear and Switching Voltage Regulator Fundamentals, National Semiconductor Application Note, http://www. ti. com/lit/an/snva558/snva558. pdf.

[31] Texas Instruments. Technical review of low dropout regulator operation and performance[R]. Tech Report, August 2009.

[32] Travis B. Linear vs. switching supplies: weighing all the options[J]. EDN, 1998, 1:40.

[33] Walt Kester B E. Switching regulators, http://www. analog. com/static/imported – files/tutorials/ptmsect3. pdf.

[34] Zendzian D. A high performance linear regulator for low dropout applications. Unitrode Corporation, http://www. ti. com. cn/cn/lit/an/slua072/slua072. pdf.

第7章 超级电容的浪涌吸收

7.1 序言

超级电容可用作储能装置或与电池结合等不常用的用途。第6章中，我们将超级电容作为理论无损电压释放器，用于 DC-DC 变换器，而在本章中，将通过一种独特用途来讨论超级电容可吸收高电压（HV）瞬态浪涌的能力。

如果假设超级电容是一种理想装置，则该装置应具备 $1/2CU_c^2$ 的储能能力，其中 C 表示该装置的电容，U_c 表示该装置的额定直流电压。那么，如果将该电容器用于一个采用电压值为 U_s 的理想直流电压源和 R 值电阻器的简单电路，则整体 RC 电路的时间常量为 $\tau = RC$。图7.1（a）展示了这种布置，图7.1（b）表明，当 $U_s = U_c$、$U_s = mU_c$ 时，电容器电压呈指数上升。

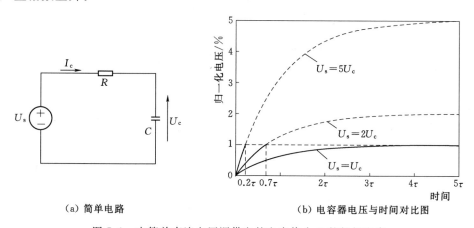

（a）简单电路　　　　　（b）电容器电压与时间对比图

图 7.1　由简单直流电压源供电的电容值为 C 的超级电容

图 7.1 中所示电路的电容器电压为：

$$u(t) = U_s(1 - e^{-\frac{t}{RC}}) \tag{7.1}$$

式（7.1）表明，大约 $T_{final} = 5RC$ 时间之后，电容器可达到 U_s 值。但如果电容器的额定电压 $U_c < U_s$，则电容器可能会由于过充而损坏，且推测大多数情况下会发生爆炸。但当电容器达到额定电压时，如果我们能够通过连接开关器来控制连接至电容器之电压源的持续时间，则不会发生损坏。此外，如果电压源作为持续时间为 T_{step} 的阶跃电压源，随后电压突然下降至零值，电容器也不会损坏。图7.2展示了所述情况。

根据式（7.1）的一般有效性，如果我们能够将发生高电压源的持续时间控制到"足

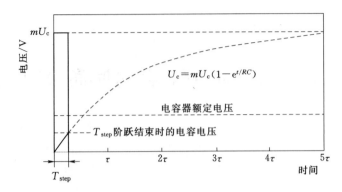

图 7.2　连接至持续时间为 T_{step}、电压值为 mU_c 的
阶跃电压源的超级电容器

够短"，则电容器终端的最终电压将保持在额定直流电压范围内。这一论述告诉我们，一个电容值非常大的电容器，如有限串联电阻电路环路中使用的超级电容器，可用于安全地从持续时间较短的高电压源（瞬态源）中吸附能量。

7.2　转存入电路的闪电和电感能量及典型电涌吸收器技术

由于闪电等自然现象或大功率电机驱动器等大电感负载的关闭，使实际交流或直流电源，即持续时间较短的高电压瞬态浪涌，可叠加在能量源之上。大多数在高性能处理器和内存器中采用最小配线幅度较小的晶体管（如：金属氧化物半导体场效应晶体管）的电子电路设计，都容易受到这种能量转存的损坏。叠加电压，如：输入电源（或数据和通信电路）闪电感应瞬变，能够以差模或共模的形式产生浪涌，对于现代集成电路中使用的最小配线幅度较小的晶体管来说至关重要。图 7.3 所示是用于保护电子系统免遭浪涌的典型电路，以及共模与差模两种浪涌形式。

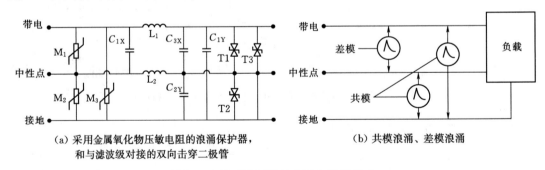

（a）采用金属氧化物压敏电阻的浪涌保护器，　　　（b）共模浪涌、差模浪涌
和与滤波级对接的双向击穿二极管

图 7.3　典型浪涌保护电路和浪涌模式

在典型的浪涌保护器电路中，将金属氧化物压敏电阻（MOV）和双向击穿二极管（BBD）等非线性装置（NLD）与 LC 型滤波级对接，如图 7.3（a）所示。根据所需的保护级别，本常规配置的不同版本使用的是不同大小的非线性装置。当高电压浪涌，如闪电，被线对（活跃中性线对差模，中性接地或活跃接地线对共模）感测到，如果感应电

压的峰值超过相应金属氧化物压敏电阻的点火电压，则可起火并开始传导高瞬时电流。最大电压（称为钳位电压）可通至金属氧化物压敏电阻终端，使金属氧化物压敏电阻开始吸收基于浪涌期间产生的电压-电流产物所形成的浪涌能量。这就减少了浪涌电压波及临界负载的危险。实际上，由于阻抗为 $L\omega$ 的串联感应器和阻抗值为 $\dfrac{1}{C\omega}$ 的并联电容器可吸收掉更多高电压瞬变能量，使路径上的电感电容过滤器还将过滤掉另一部分浪涌能量。如果剩余浪涌峰值高于双向击穿二极管的点火电压，则所有剩余高电压瞬变都将被临界负载端的点火双向击穿二极管吸收掉。

  总的来说，这种可吸收高电压瞬态能量的浪涌保护器的设计是以所使用的非线性装置的瞬态能量吸收能力为基础。表 7.1 总结了产自美国零部件制造商 Littelfuse 的一种标准金属氧化物压敏电阻的属性。通常，这些非线性装置的特点在于其较短持续时间范围内的瞬态能量吸收率（如几毫秒），一般情况下，瞬变的持续时间少于 $100\sim200\mu s$。在此期间，由于吸收了瞬态能量，使非线性装置温度升高，同时，装置保持钳位电压。但如果重复的高能瞬变使非线性装置始终处于点火状态，则将超过装置的瞬态能量吸收率（通常称为额定焦耳），最终导致装置故障。关于金属氧化物压敏电阻，大多数情况下，装置每次吸收瞬态能量，都会造成逐渐退化，且在有限的时间之后，其浪涌吸收能力将完全失去。

表 7.1   典型金属氧化物压敏电阻特性总结（Littelfuse TMOV14RP320 型装置）

装置规格	参数值	单位	备　　注
额定持续交流电压	320	V	
额定持续直流电压	420	V	
瞬态能量能力	136	J	持续 2ms
正向峰值浪涌电流	200	A	单脉冲（8/20μs 电流波）
	4500	A	双脉冲（8/20μs 电流波）
持续均方根（RMS）电流	100	mA	
机构认证	UL 1449，IEC 61051－1，IEC 61051－2，IEC 60950－1（annex Q）		

来源：Littelfuse，2014a。

  表 7.2 总结了双向击穿二极管（如 Littelfuse 的 1.5KE440CA 系列）的特性；其背对背二极管对应的额定持续功率耗散大约为 6.5W，但在 1ms 有限持续时间内的特定额定瞬态功率为 1500W。如果浪涌仅持续短短几百毫秒，这意味着，浪涌可点燃连接件，并吸收瞬态能量，而吸收的能量将以热量形式在持续几毫秒的时间内耗散掉。

表 7.2   典型双向击穿二极管特性总结（Littelfuse 1.5KE440CA 型装置）

装置规格	参数值	单位	备　　注
稳态功率耗散	6.5	W	
额定峰值功率耗散	1500	W	使用 10/1000μs 测试波形按照数据单（Littelfuse，2014b）进行了测试
击穿电压	418～462	V	测试电流为 1mA
最大钳位电压	602	V	
最大峰值脉冲电流	2.5	A	

来源：Littelfuse，2014b。

如果浪涌持续时间较长并超出装置能力，则超出安全持续时间的过度能量耗散可导致故障。

电路中出现的闪电或电感能量转储是完全可以统计的。浪涌保护相关标准，如 IEEE C62.4X 系列（IEEE recommended practice，2002a，b），针对不同保护类型，定义了测试波形的特定上升时间、宽度和峰值振幅的不同值集。一般来说，IEEE C62 系列标准根据与电源入口端的距离，将保护定义为三种不同类别。图 7.4 所示是详细分类。表 7.3 所示是标准中规定的适用于不同测试流程的测试数据。关于浪涌保护装置、测试流程和标准的更多详细资料，建议参阅有关参考文献（Kularatna，2012）。

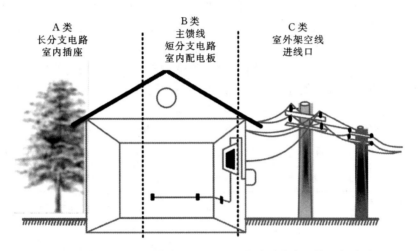

图 7.4　电气和电子工程师协会（IEEE）的浪涌分类：按照与浪涌入
口端距离划分成 A 类、B 类、C 类

表 7.3　　　　　　IEEE C62.41 位置分类、发生频率和浪涌波形详细数据

IEEE 位置分类	暴露等级	环形测试波形详细数据		
		2kV，70A，0.63J	4kV，130A，2.34J	6kV，200A，5.4J
A1	低	0	0	0
A2	中	50	5	1
A3	高	1000	300	90
IEEE 位置分类	暴露等级	复合型测试波形详细数据		
		2kV，1kA，9J	4kV，2kA，36J	6kV，3kA，81J
B1	低	0	0	0
B2	中	50	5	1
B3	高	1000	300	90

需要了解的是，国际标准是根据双指数波形或衰减正弦波（图 7.5）来定义适用于 A 类、B 类、C 类测试波形的。通常，开路电压波形、短路电流波形和环波的使用如图 7.5 所示。

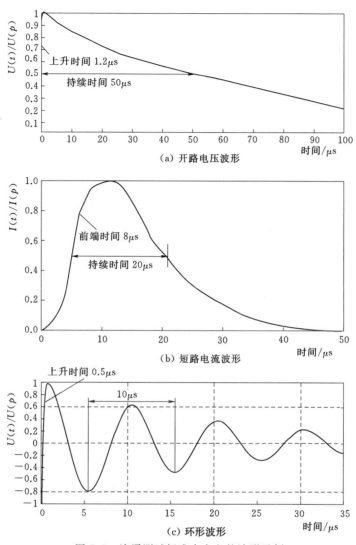

图 7.5　浪涌测试标准中定义的波形示例

7.3　将超级电容作为浪涌吸收装置：初步研究结果总结

　　由作者带领的怀卡托大学研究组，针对现代电容器吸收高电压瞬态能量的能力，如叠加在输电线路上的闪电电压，开展了一些初步研究。在研究过程中，研究组使用了日本 Noiseken 生产的闪电浪涌模拟器（型号：LSS 6230/6130），按照 C62.4X 系列标准，对三家不同供应商提供的商业超级电容施加反复浪涌波形。如图 7.4 所示，B 类闪电浪涌模拟器（LSS）是基于内部高电压电源和电容器一些有限储能的原则，穿过闪电浪涌模拟器内部的波形形成电路，产生标准定义的双指数型重复波形。这种闪电浪涌模拟器能够以 10s 或 20s 为间隔，达到 6.6kV 峰值电压，反复重新生成波形。

　　在作者所带领的研究组早期开展的研究中，将几个超级电容置于单个高电压浪涌及多个相同形状浪涌（利用闪电浪涌模拟器）条件下，结果表明，这些装置不会被100ms左右持续时间的瞬态浪涌损坏。所用波形如 IEEE C62-41 和 IEC 61400-4-5 等标准所述。图7.6表明，当我们以峰值为1.5～6.5kV的相同高电压瞬态波形反复施加浪涌，三种不同超级电容器是如何形成其终端电压的。使用的装置为：①Maxwell 科技公司的 120F、2.3V 装置；②韩国 NessCap 公司的 90F、2.7V 装置；③澳大利亚 Cap-XX 公司的0.4F、5.5V 装置。如图7.6（a）所示，所有我们可以测得的终端电压都仅为毫伏水平。

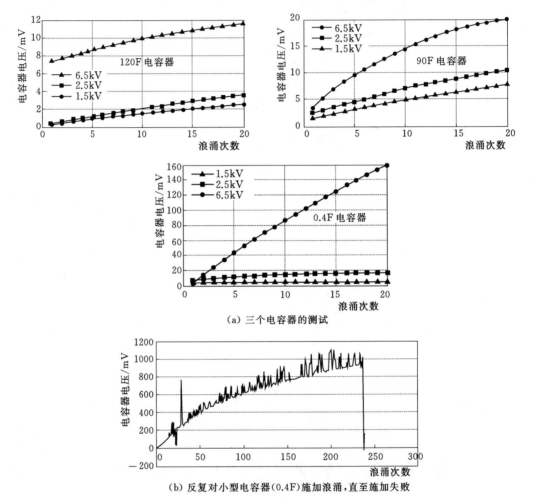

（a）三个电容器的测试

（b）反复对小型电容器（0.4F）施加浪涌，直至施加失败

图 7.6　终端电压的形成与不同峰值下的浪涌数量
（施加 IEC61400-4-5 所述的复合波形）

　　鉴于该观察结果——即使在 20 次脉冲之后，超过了额定直流电压，测试装置（DUT）也无法产生足够的直流终端电压——研究组决定针对测试装置，开发用于重复应用标准浪涌波形的自动测试接口，以确定其浪涌耐抗力。其目的是消除冗长、耗时的重复性测试，使闪电浪涌模拟器能够在每次施加脉冲之前的大约20s内开始充电。实际上，本次初步测试取得的结果与闪电浪涌模拟器的输出是持续时间有限的正电压源这一事实密切相关；相比等效串联电阻（ESR）约为 100mΩ 的 Cap-XX0.4F 装置等商业超级电容器的

时间常量，其持续时间低于 100ms，时间长量为 40ms。如果我们将闪电浪涌模拟器输出示例粗略计为 6.6kV 的恒定电压，供电持续时间仅低于 100ms，则我们只能预计装置终端产生的电压只有毫伏水平。这也表明，该设备仍保留其电容行为，而不会由于终端的瞬态高电压产生不良影响。然而，如向 0.4F 等小型超级电容器施加重复浪涌的示例，结果是装置失败，如图 7.6（b）所示。

鉴于初步测试结果表明，按照 C62.4X 等标准反复施加高电压瞬变不会损坏超级电容器，且终端电压在每次毫伏级脉冲之后逐渐升高，我们有理由尝试开发更详细的测试系统和测试流程，以确认该观察结果的理论依据（Kularatna 等，2011a）。按照电容器储能能力的简单公式 $\frac{1}{2}CU^2$，终端额定直流电压为 2V 的 10F 超级电容器的储能能力可达到 20J。典型计算机电源的滤波电容器（整流器级别值不高于 220mF，额定电压为 400V）的最大能量储存容量为 17.6J。这意味着，一个小型超级电容能吸收几乎同等能量，在离线直流电源下可损坏滤波电容器。作者在一年有两个季风季节的赤道岛屿的长期工作经验表明，输入电源感应到的闪电可损坏整流器级别的电子部件和开关式电源转换部件，即使具备（有限的）浪涌保护能力的台式计算机电源也不能避免，因此有时被称为"银盒"。James 等（2010）总结了峰值电压高达 6.6kV 的实验室计算机银盒浪涌测试结果。

根据以上总结，我们相信能够判断出超级电容器能否用于在瞬变波及输入电源或通信/数据电路期间吸收部分浪涌能量。图 7.7 根据介绍了将闪电浪涌模拟器、连接线和测试用超级电容器装配成等效电路（IEEE recommended practice，2002a）的出版物（Kularatna 等，2011a；Spyker 等，2000）展示了针对超级电容器开发的各种模型中的两种常见的实用模型。

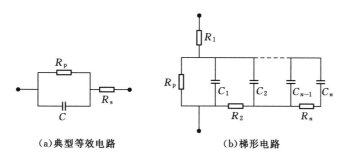

（a）典型等效电路　　　　（b）梯形电路

图 7.7　可用于形成浪涌保护电路拓扑结构的超级电容等效电路

改编自：Spyker 等，2000。

表 7.3 以低、中、高等不同统计学雷电频率，总结了可用于测试各种不同 IEEE 位置类别下的浪涌保护器的测试波形。该表还表明，采用了峰值电压能力高达 6kV 左右、额定能量高达 90J 左右的组合型波形或环形波形［分别参见图 7.5（a）和（c）］闪电浪涌模拟器等实验室仪器，来测试浪涌保护装置。

表 7.3 所示电压和电流值分别为适用于图 7.5（a）的峰值电压和适用于图 7.5（b）的峰值电流。表 7.3 所示电流值也是闪电浪涌模拟器等用于测试浪涌保护器测试系统的短路电流能力值。图 7.8 所示是图 7.5（a）所示的适用于超级电容器［其简化模型如图

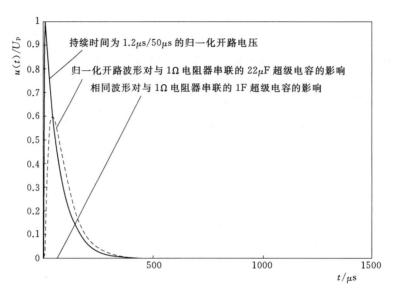

图 7.8　Matlab 仿真实验结果——应用 IEC61400 - 4 - 5，以 1Ω 串联
电路将浪涌波形与 220mF 电容器和 1F 超级电容器连接

7.7（a）所示〕的开路电压波形示例。图 7.3（a）所示浪涌波形可以数学方法表示为

$$u_{\text{SG}}(t) = \frac{\alpha\beta}{\alpha+\beta}(\text{e}^{-\alpha t} - \text{e}^{-\beta t}) \tag{7.2}$$

式中：α 为指数波形衰减部分时间常量的倒值；β 为指数波形上升部分时间常量的倒值。通过分化和估计时变浪涌的极大值，可以得出浪涌波形 U_{p} 的峰值，即

$$U_{\text{p}} = \frac{\alpha\beta}{\alpha+\beta}\left[\left(\frac{\alpha}{\beta}\right)^{\frac{\alpha}{\beta-\alpha}} - \left(\frac{\alpha}{\beta}\right)^{\frac{\beta}{\beta-\alpha}}\right] \tag{7.3}$$

由式（7.2）和式（7.3），可以得出类似于图 7.5（a）所示的归一化开路的电压。通过适当的数学运算和估算，可以得到以下关系，能够进而以微秒时间函数粗略估算出归一化开路电压波形为

$$u_{\text{SG,nor}}(t) = 1.0203(\text{e}^{-4.16t} - \text{e}^{-0.0139t}) \tag{7.4}$$

图 7.8 所示是 Matlab 产生的波形，非常匹配归一化开路电压波形的形状，及其对 RC 电路的影响（由与 1Ω 电阻器串联的 220mF 和 1F 电容器组成）。图 7.8 清楚地表明，由于超级电容的时间常量非常大，这种总持续时间约 100ms 的高电压波形将无法在电容器内产生任何足够大的电压。例如，如果浪涌波形的峰值电压是 1kV，则配备 1Ω 电阻器的 220mF 电容器可产生大约 600V 的电容器电压，而 1F 电容器的示例中，没有任何可测量值。

鉴于上述情况，我们可以简单地预测，一个等效串联电阻为 10~100mΩ 的法拉级取值的超级电容，可承受持续时间低于几百微秒的高电压瞬变。然而，在关于高电压脉冲可造成的任何其他故障现象的有关文字中，没有出版物表明实际情况是否如此。在分析浪涌或瞬变对超级电容的影响时，类似于对测试装置应用的高电压闪电浪涌模拟器输出示例，我们可以使用图 7.9 所示电路。该示例中，我们使用图 7.7（a）所示的等效电路简化了超级电路。基于 Thevenin 等效电路，通过图 7.9（a）所示的点 A 和点 B，该示例可简化成图 7.9（b）所示的电路。

该示例中：

$$U_{EQ} = U_{SG}\left[\cfrac{1}{1+\left[(R_{SG}+R_S+r_{path})/R_p\right]}\right] \tag{7.5}$$

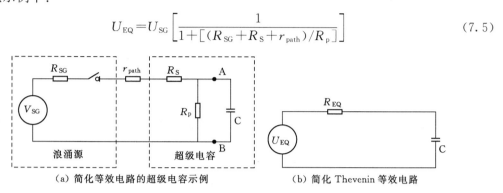

（a）简化等效电路的超级电容示例　　　　（b）简化 Thevenin 等效电路

图 7.9　连接至超级电容的浪涌源

$$R_{EQ} = R_{Thevenin} = \cfrac{R_{SG}+R_S+r_{path}}{1+\cfrac{R_{SG}+R_S+r_{path}}{R_p}} \tag{7.6}$$

其中，R_{SG} 和 r_{path} 分别表示浪涌源的内部电阻，和超级电容与浪涌源之间的互联路径电路。可以很容易地发现，适用于组合效应的时间常量将始终显著高于 $\tau = R_S C$ 时，即可能性最低的超级电容充电时间常量。这是基于对 R_p 值显著高于其他串联路径电阻的假设。鉴于上述情况，如果将一个 C 值电容器置于持续时间为 T、最大振幅为 U_{max} 的阶跃电压下，则阶跃电压终止时，最坏情况下的电容器电压为

$$U_{C,max} = U_{max}(1-e^{\frac{T}{R_S C}}) \tag{7.7}$$

可进一步简化为

$$U_{C,max} = U_{max}\left[\frac{T}{\tau} - \frac{1}{2}\left(\frac{T}{\tau}\right)^2 + \frac{1}{3!}\left(\frac{T}{\tau}\right)^3 - \cdots\right] \tag{7.8}$$

这表明，当时间常数 τ 远高于阶跃浪涌电压持续时间 T 时，有近似值 $\frac{T}{\tau}U_{max}$。当阶跃电压源持续时间为 100ms、向 10mΩ 等效串联电阻超级电容施加最大值 U_{max}，且电容值为 100F 时，电容器只能充电至 $10^{-4}U_{max}$。由此，顺利地预测出，即使电压为 10kV，单次应用组合式浪涌波形期间，超级电容也无法获取足够超过其额定直流电压的电荷。Kularatna（2012）提供了将三种不同商业电容器系列置于高达 6.6kV 峰值浪涌波形下的详细资料，并足以确信能够将超级电容用作浪涌吸收部件。

7.4　基于超级电容的浪涌保护器的设计方法

之前的论述表明，如果将装置的电容器值和最大额定电压结合，以达到 $1/2CU^2$

值，则超级电容可具备连续能量存储能力，范围内包括将瞬态浪涌所含能量输送至电路。此外，应将这一事实与图 7.1（a）所示的典型浪涌保护器中所用的金属氧化物压敏电阻和双向击穿二极管的瞬态能量吸收能力作对比。然而，商用超级电容的额定直流电压非常低，如低于 4V 的单电池芯装置，远远低于交流电源上发生的瞬时电压。鉴于该问题，使浪涌保护器设计者无法仅以超级电容器来替换金属氧化物压敏电阻或双向击穿二极管。

这种情况下，应该使用完全不同的方法来设计基于超级电容的电涌吸收器电路。

超级电容辅助电涌吸收器（SCASA）是一项全新专利技术，由作者带领的研究组 Kularatna 等（2014）基于图 7.10（a）所示电路的概念研发。该电路中，将金属氧化物压敏电阻、双向击穿二极管等典型的非线性装置与磁性部件和基于超级电容的分支电路结合使用。然而，相比不带超级电容的典型浪涌避雷器（将非线性装置直接置于线对中，如中性和活跃线对（中性或活跃和接地），其非线性装置位于变压器初级线圈负载端与返回线之间，如图 7.10（a）所示。在这种配置下，当交流电输入发生浪涌时，以及当浪涌超过非线性装置的点火电压时造成了瞬时电压，则高瞬时电流将流经初级线圈，于是有电压穿过初级线圈。反过来，该配置也可在次级线圈中产生感应电压，并通过反方向缠绕次级线圈，产生次级感应电压来抵抗浪涌电压。其结果是将在临界负载处形成待保护的电压；该电压可低于瞬时浪涌电压。通过调整匝比，我们可以调整次级电压，以此使基于超级电容的分支电路中的瞬时电压可变。

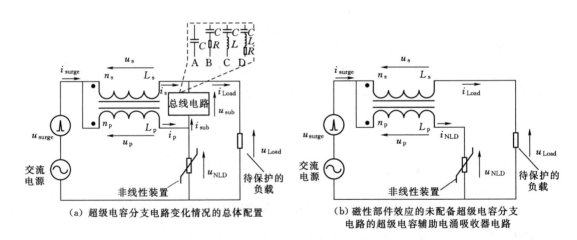

（a）超级电容分支电路变化情况的总体配置　　（b）磁性部件效应的未配备超级电容分支电路的超级电容辅助电涌吸收器电路

图 7.10　超级电容辅助电涌吸收器的技术基础

一旦叠加的高电压瞬变沿着电源输入电路蔓延，则非线性装置可点火并进入传导阶段，在连接的绕组处产生瞬态电压（U_p）。当高电压瞬变超过非线性装置的点火电压，可形成大量导电，并在初级线圈中形成浪涌电流。由于电感效应，次级线圈也可产生电压（u_s），配置好两个绕组之后，形成该电感次级电压，且电压值高于初级绕组，能够抵抗瞬变，使临界负载端出现两个电压之间的压差，如图 7.11 所示。图 7.11 所示是配备了金属氧化物压敏电阻（型号：Q20K275）的电路，其最大钳位电压为 710V。

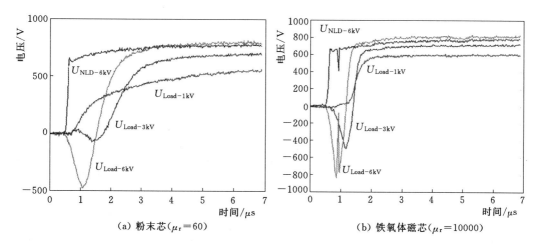

图 7.11 对于匝数比为 6：30 的不同环形线圈，1kV、3kV、6kV 浪涌
输入下的负载和压敏电阻电压变化

如图 7.10（a）所示，基于超级电容的分支电路配置可发生集中变化（A、B、C 和 D）。基于超级电容的分支电路可接收两个线圈之间的电压差，用于形成环状电流，流经分支电路，将部分浪涌能量吸入超级电容。由于超级电容具有吸收部分浪涌能量（将以闭合回路的形式耗散掉）的能力，使非线性装置承载的瞬态浪涌能量大幅下降。此外，超级电容分支电路将执行实用的过滤功能，以减少浪涌形成的震荡波形。

如果将产生的阻抗 Z_{sub} 用于表示图 7.9（a）所示的分支电路选择 A～D，我们可以建立如下数学关系：

$$u_p = L_p \frac{\mathrm{d}i_p}{\mathrm{d}t} + M \frac{\mathrm{d}i_s}{\mathrm{d}t} \tag{7.9}$$

$$u_s = L_s \frac{\mathrm{d}i_s}{\mathrm{d}t} + M \frac{\mathrm{d}i_p}{\mathrm{d}t} \tag{7.10}$$

$$u_{sub} = (u_s - u_p) = i_{sub} Z_{sub} \tag{7.11}$$

式中：L_p、L_s 为初级和次级线圈的自身电感；M 为两个绕组之间的互感；u_p、u_s 和 u_{Load} 为向电路施加叠加的浪涌 u_{surge} 时的变压器初级、次级和负载上的瞬时值；i_{sub} 为非线性装置的电压和流经基于超级电容的分支电路的电流瞬变。

7.4.1 磁芯的选择

超级电容辅助电涌吸收器技术中，整体性能主要由磁性部件来控制，其漏电电感与变压器效应结合，在临界负载中辅助形成较低的有效钳位电压。根据选定的芯材的磁导率，总体性能各不相同，因为叠加浪涌后的次级绕组取决于芯材的饱和反应。图 7.10（b）所示是用于估算未连接分支电路时，变压器抑制整体浪涌作用的测试电路。

表 7.4 所示是两个横截面大致相等，但用于本测试的芯材不同，且初级与次级匝比（n_p/n_s）为 6：30 的变压器，以及两种芯材的一些核心数据。图 7.11 所示是当整体电路处于峰值浪涌电压时［如：1kV（$U_{Load-1kV}$）、3kV（$U_{Load-3kV}$）和 6kV（$U_{Load-6kV}$）］，负载

下的电压波形。每图中的 $U_{\text{NLD-6kV}}$ 线路均含有匹配 6kV 浪涌输入的非线性装置电压。图 7.11（a）所示是粉末芯变压器结果，相对磁导率（μ_r）为 60。图 7.11（b）所示是铁氧体磁芯的结果，相对磁导率为 10000。由图 7.11（b）可知，由于浪涌远比图 7.11（a）所示的较高浪涌电压粉末芯窄得多，而产生的次级电压。因此，其存储的源能量更少，使能量被超级电容分支电路吸收或耗散掉。关于这些方面的更多资料，请参阅有关参考文献（Kularatna，Fernando，2014；Fernando，Kularatna，2013，2014）。

表 7.4　　　　　　　　测试用的不同环形线圈芯材的属性（数据单参数）

芯材类型	磁性零部件编号	相对磁导率 μ_r	A_L 值/(nH/T²)
粉末芯	0077083A7	60	(81±8)%
铁氧体磁芯	ZW41605TC	10000	0%

7.4.2　超级电容分支电路的作用

超级电容辅助电涌吸收器技术中，超级电容分支电路起着吸收叠加在输入线组上的部分浪涌能量的作用。由于浪涌在变压器–绕组对的远端，使两个绕组的不同瞬时电压产生了超级电容充电压差。总体效果是，临界负载的瞬时电压变得远低于非线性装置的浪涌所致电压。

图 7.12 所示是用于测量超级电容辅助电涌吸收器技术采用的分支电路范围内的不同电容值效应的电路布置示例。为进行性能比较，作者借助图 7.10（a）所示

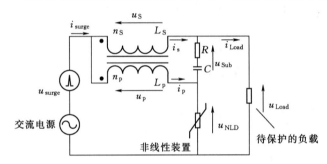

图 7.12　为进行超级电容辅助电涌吸收器
最终测试而设计的电路

配置，使用普通的 50nF 陶瓷电容器以及 5F 超级电容作为分支电路，并利用闪电浪涌模拟器施加了 1~6kV 的闪电浪涌。所形成的是电阻值为 1Ω 的电阻器的 B 型分支电路。

当按照图 7.13（a）~（c）所示，使用 50nF 的陶瓷电容器，分支电路电压开始以大约 122~343kHz 之间的不同频率震荡。产生这些波形的原因是磁性部件上出现的几种情况，如下：

（1）芯材参数非线性变化（关于芯材饱和度）。

（2）流经绕组的高电压浪涌的震荡，导致变压器漏电电感变化。

相比这种情况，以 5F 超级电容取代 50nF 陶瓷电容器之后，临界负载电压显著较低。图 7.13（d）~（f）展示了这种情况。采用 5F 超级电容之后，显然没有震荡，且电流 i_{Sub} 使分支电路中有电压产生，可抵抗非线性装置的电压（u_{NLD}），使负载电压低于 u_{NLD}。超级电容辅助电涌吸收器技术的另一个重要方面是，由于超级电容分支电路置于两个变压器绕组的差动交流电压下，因此不支持 50Hz 或 60Hz 的电压部件，且交流电源输入端是普通型。该设计中，变压器的漏电阻抗起着重要作用，因此选择合适的变压器芯材非常

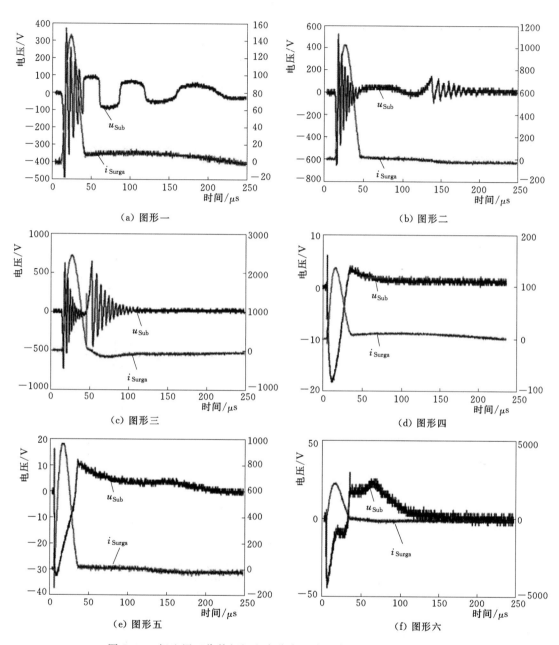

图 7.13　相比用于代替超级电容分支电路的陶瓷电容器，超级电容
辅助电涌吸收器技术下，超级电容分支电路的影响

重要。

　　本章不含为细化这种情况而进行的数学分析，但式（7.9）～式（7.11）是基础公式。更多详细资料，可参阅项目研究论文（Fernando，2015）。

　　图 7.14 所示结果展示了采用图 7.12 所示的 B 型分支电路的临界负载端浪涌的整体效应，并给出了配备传统商业浪涌保护器的超级电容辅助电涌吸收器配置的整体性能比较。

最近，推出了一种商业版本，在怀卡托大学经过了详细的实验室测试。

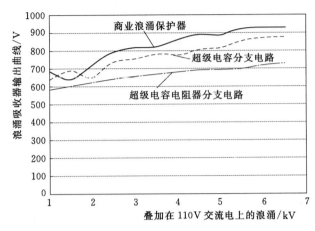

图 7.14　超级电容辅助电涌吸收器性能与常见商业浪涌保护器电路的比较

7.5　结论

超级电容辅助电涌吸收器技术利用超级电容器的能力，吸收由于电路内大时间常量导致的瞬态高电压，并形成全新的非传统电化学双层电容器（EDLC）应用的基础。超级电容的这种实用性能力可以扩展到其他主要领域，如不间断电源；它是在怀卡托大学进行的全新的应用研究领域；在抗浪涌不间断电源的概念下，正在进行早期的工作（Kularatna等，2011b；Kumaran，2011）。该主题领域开启了电化学双层电容器另一种独一无二的用途。

参考文献

［1］　Fernando J. Ph. D. Thesis,Characterization of supercapacitors for special applications. The University of Waikato.

［2］　Fernando J,Kularatna N. A supercapacitor based enhancement for standalone surge protector circuits ［C］. Proceedings of ISIE - 2013 Conference,Taipei,Taiwan,2013:1 - 6.

［3］　Fernando J,Kularatna N. Supercapacitor assisted surge absorber(SCASA)technique:selection of supercapacitor and magnetic components［C］. Proceedings of ECCE 2014.

［4］　IEEE recommended practice on characterization of surges in low - voltage(1000V and less)AC power circuits,IEEE Standard C62. 41. 2,2002a.

［5］　IEEE recommended practice on surge testing for equipment connected to low - voltage(1000V and less)AC power circuit,IEEE Standard C62. 45,2002b.

［6］　James S,Kularatna N,Steyn - Ross A,et al. Investigation of failure patterns of desk top computer power supplies using a lightningsurge simulator and the generation of a database of comprehensive surge propagation study ［C］. Proceedings of IEEE IECON 2010 Conference,AZ,USA,2010:1275 - 1280.

［7］　Kularatna N. DC Power Supplies,Power Management and Surge protection for Power Electronic Systems［M］. CRC Press,USA,2012:390.

[8] Kularatna N, Fernando L J. Power and telecommunication surge protection apparatus. New Zealand Patent Number 604332.

[9] Kularatna N, Fernando J, Pandey A, et al. Surge capability testing of supercapacitor families using a lightning surge simulator[J]. IEEE Trans. Ind. Electron. ,2011,58(10):4942 - 4949.

[10] Kularatna N, Tilakaratne L, Kumaran P K. Design approaches to supercapacitor based surge resistant UPS techniques[C]. Proceedings of IEEE - IECON,2011:4094 - 4099.

[11] Kumaran P K. ME Thesis, Development of supercapacitor based SRUPS. Littelfuse, May 2014a. Varistor products data sheet for TMOV and iTMOV series. Littelfuse,January 2014b. Transient voltage suppressor data sheets,1. 5KE series.

[12] Nelms R M,Cahela D R,Tatarchuk B J. Modeling double - layer capacitor behavior using ladder circuits[J]. IEEE Trans. Aerosp. Electron. Syst. ,2003,39(2):430 - 438.

[13] Spyker R L, Nelms R M. Classical equivalent circuit parameters for a double - layer capacitor[J]. IEEE Trans. Aerosp. Electron. Syst. ,2000,30(3):829 - 836.

第8章 超级电容的快速传热应用

8.1 序言

迄今最先进的超级电容（SC）的单电池装置尺寸包括从不到 1～5000F 以上范围内的各种尺寸。对于尺寸较小的装置，其等效串联电阻（ESR）值在 25～100mΩ 范围内。电容在 300～5000F 范围内的较大装置的等效串联电阻值要小得多，例如，在 0.3～5mΩ 范围内。鉴于上述总结，以及我们在第 1 章中对 $U^2/4r_{int}$（其中，U 表示电压源值，r_{int} 表示电压源的内阻）电压源最大功率传输能力的论述，如果我们以负载电阻终止电压源，则 $R_L = r_{int}$。此时，如果我们将这一实际情况应用于典型电池和超级电容，以估算可能得到的最大输出功率，则可发现，内部电阻装置即主要的决定性因素。本章，我们将讨论能否将超级电容器组应用于快速加热生活用水系统内的水流，以及最大程度减少由于中央热水器和各个水龙头之间的民用热水管道内存有冷水而造成的热水浪费。另外，以往由于上限约 2.3kW 的电子分支电路的功率输出限制，因而需要开发基于直接交流电源的大功率快速水加热解决方案，在本章论述中，还将介绍配备适当控制系统的超级电容器组是如何绕过这一问题的。

8.2 家庭日常用水浪费问题

在民用热水供应系统和中央加热系统中，无论是燃气还是用电设备，热水单元通常置于中央位置，由小直径管道从中央单元将热水输送至各户。表 8.1 所示是新西兰住宅典型热水输配参数。

表 8.1 　　　　　　　　　　　新西兰住宅典型热水输配参数

参　　数	平　均　值
中央热水单元至各水龙头的平均距离	3～50m
水流率	4～8L/min
热水温度	35～55℃
埋壁管道储水造成的热水供应时间延迟	3～40s
热水供应延迟造成的用水浪费量	0.3～3L/单次用水
水龙头的平均使用次数	5～20 次/日

根据表 8.1 所示信息，除了以初始冷水供应热水的运行过程中造成的损失，还可以估算出日常用水浪费数量。虽然快速燃气热水器系统越来越受欢迎，但由于在民用热水的供

应系统中，中央燃气单元和各个水龙头之间的埋管内存有冷水是不可避免的，因此难免造成水浪费。在人口约 450 万的新西兰，由于这一问题，每年有超过 1500 万公升经过处理的水被浪费。

8.3 传统直接交流电源加热的问题和加热系统规格

这种加热方式的首要需求是在足够高的速率下向流动水供应能量。我们将以下热传输关系作为分析这一需求的切入点。

$$P = \rho f_w c \Delta\theta \tag{8.1}$$

式中：P 为功率，W；ρ 为水的密度，kg/L；f_w 为水流率，L/s；c 为水的比热，J/(kg·℃)；$\Delta\theta$ 为上升的温度，℃。

根据上述关系，如果水流率为 8L/min，则在平均温度上升约 20℃时，输出功率应为 11.2kW 左右。鉴于 230V、50Hz 的民用交流电源壁式插座的电流上限为 10A，目前最大的输出功率仅限于 2.3kW（RCCB，2011），远低于需求功率。但以 8L/min 的流率在 30s 内达到 20℃ 平均上升温度的水加热的总能量需求只有 150W·h（540kJ）左右，相当于一般重量的电动汽车行驶大约 1km 距离所需的能量。考虑表 8.2 中所列的以下主要设计标准，我们可以从基于预存储能量的不同解决方案展开论述。

表 8.2　　　　　　　　　基于能量存储的快速加热解决方案的基本规格

系　　数	值
总体最大上升温度	20℃
平均水流率	6L/min
估计从燃气加热器接收中央热水所需的时间	20s
能量需求总量（损失量忽略不计）	47W·h
加热元件的功率能力	8.4kW
最大安全电压	60V 直流或 42.4U_{peak}（根据 AS/NZS60950.1：2003 标准）

8.4 针对消除埋管储水造成水浪费的商业解决方案

有几种可用于商业的解决方案，如无水槽系统（Laing，2013），水槽下设槽（Permenter，2004）和再循环系统（Fazekas，1984），可减少或消除这种延迟，但成本在 500～6000 新西兰元之间。然而，这些解决方案并不能彻底、经济地解决这一问题。无水槽系统在水流经该单元时将水加热。这种方案仅加热所用水量，因此节能。但是，该解决方案需要替换现有的水龙头和加热系统（Laing，2013）。槽下设槽也是一种方案，但该系统包括一个安装在槽下的迷你槽和一个混合水龙头。这种解决方案价格昂贵，且需要定期维护（Permenter，2004）。另一种解决方案是采用循环系统；该系统由一个连接至每个热水使用点的闭合环路和一个再循环水泵组成。这些系统无法轻易改造，且运行成本高昂（Fazekas，1984）。更多详细论述，请参阅有关参考文献（Kulartna 等，2014）。

8.5 本地化解决方案的实际需求

上述针对典型最坏情况需求而评估的电力和能量需求表明，所需能量可以存储在适当的储能装置中，并且可以转换成所需速率的短期人输出功率水流，且无需任何额外的水箱等设备。但这种系统必须满足下列几个主要需求，才能达到监管机构的要求。

8.5.1 电气安全性和隔离

鉴于安全原因，超过 60V 的直流电源不可用于基于安全性超低的电压需求的用途，以达到电击安全。如果直接使用电源功率，当大功率加热器线圈位于生活用水管道内部时，除了通过残余型断路器达到过载安全以外，可能还需要通过供电电压低于 60V 的变压器进行电流隔离（Datasheet；Particular requirement for instantaneous water heaters，2004）。

8.5.2 国内安装规定

以快速水加热等用途论述的短期大功率输出，需要专用的布线和保护装置（Datasheet）。使用现有的电力分支电路达到这么大的功率是不切实际的。如果要使用大功率 30A 分支电路，可将最大功率水平提高至 7.5kW 左右，但仍与功率需求相差约 10～15kW。

但是，由于这种管路内水加热所需系统通常需要持续供电少于 30s（以使中央燃气或电力加热系统通常情况下能够在 2～5s 内启动），并需要通过民用水龙头用水的统计属性，因此，预存储能量存储解决方案是可行且具有成本效益的解决方案。

8.6 基于超级电容的预存储能量解决方案

要开发储能容量范围在 25～200W·h 的基于超级电容的储能系统，采用来自多个制造商的基于大型单电池电容器实际上是可行的。例如，美国 Maxwell 科技公司（Maxwell Technologies）和韩国 LS Mtron 公司（LS Mtron）是制造此类用途装置的代表企业；有关其针对此类用途的重要规范，请参阅表 8.3 的总结。

表 8.3　　　　　管路内水加热等快速能量输送系统的装置规格对比

规　格	电容/F	额定电压/V	直流等效串联电阻/mΩ	最大电流/A	储能/（W·h）
Maxwell 科技	3000	2.7	0.29	2396	3.04
	1500	2.7	0.47	1426	1.52
	650	2.7	0.8	640	0.66
LS Mtron	3000	2.7	0.29	1900	3.04
	2000	2.7	0.35	1500	2.03
	1200	2.7	0.58	930	1.22

如表8.3所列，一般情况下，这些通常高达5000F左右的大型单装置的等效串联电阻值可达到低于 $1m\Omega$ 的极低水平，其电流输出能力可达到 $500\sim3000A$ 。基于第1章中根据式（1.9）及相关论述所述的简单理论考虑，两家制造商中是否有任何一家制造的10个3000F串联电容器组能够支持在10个元件串联的电容器组内达到25V下的54kW最大初始功率？利用 230V/50Hz 或 120V/60V 的单相民用插座几乎是不可能达到的。实际上，这是充电至 2.5V 的单个 3000F 超级电容器电池芯的额定最大功率，在负载等于其直流等效串联电阻的条件下适当地终止。

充电至 25V 的10个元件串联的电容器组能够容纳约 93kJ 或 26W·h 的能量。为达到 150W·h 的能量存储水平，通常需要6个并联的由10个元件组成的3000F电容器组，但设计者很难控制管路内水加热等民用储能装置组的成本。图8.1展示了由60个元件组成的超级电容器组的布置。图8.1（b）展示了由 n 个元件组成的装置组以及 n 个元件组成的装置组进一步组成的 m 个串列的 Thevenin 等效电路的一般示例。该例所示是整体等效串联电阻为 $\frac{n}{m}r_c$ 的总电容 $\frac{m}{n}C$ ，其中，C 和 n 分别表示用于构建阵列的电容器的电容和等效串联电阻。

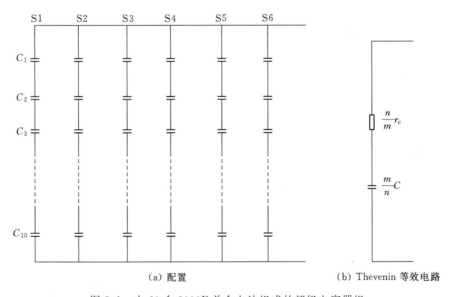

（a）配置　　　　　　　　（b）Thevenin 等效电路

图 8.1　由 60 个 3000F 单个电池组成的超级电容器组

鉴于该示例中通过图 8.2（a）所示开关器连接至负载电阻 RL 的电容器组，我们可以表示负载的瞬时电压为

$$u_{RL}(t) = \frac{U_{C0}R_L}{R_L + r_{eq}} e^{-\frac{t}{(R_L + r_{eq})C_{eq}}} \qquad (8.2)$$

传输至负载和等效串联电阻的能量为

$$E(0) - E(t) = \frac{1}{2}C_{eq}U_{C0}^2 \left[1 - e^{-\frac{2t}{(R_L + r_{eq})C_{eq}}}\right] \qquad (8.3)$$

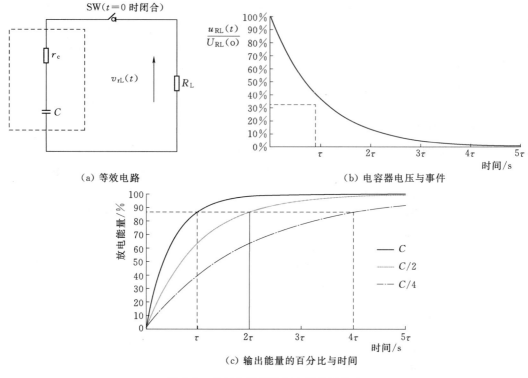

（a）等效电路　　　　　　　　　　　（b）电容器电压与事件

（c）输出能量的百分比与时间

图 8.2　超级电容器组向电阻负载放电

其中
$$C_{\text{eq}}=\frac{m}{n}C \quad r_{\text{eq}}=\frac{n}{m}r_{\text{C}}$$

式中：U_{C0} 为电容器组的初始电压。

根据以上论述，可以得到图 8.2（b）和图 8.2（c）所示的归一化电容器电压和某段时间内的能量排放比例。

在这种情况下，放电时间常量计算公式为

$$\tau=\frac{mC}{n}\left(\frac{n}{m}r_{\text{C}}+R_{\text{L}}\right) \tag{8.4}$$

电容器组输送至负载的大致平均功率 P_{ave} 可由以下公式得出（各电容器的最大电压为 U）：

$$P_{\text{ave}}=\frac{nU^2}{10\left(\dfrac{n}{m}r_{\text{C}}+R_{\text{L}}\right)} \tag{8.5}$$

通常，相比电池组等任何其他能源，要证明基于超级电容的解决方案是可行的非常容易。对于电池组，由于铅酸或锂离子化学电池的彻底放电深度（DOD）的寿命周期范围在 500～2000 次之间，加上放电深度内部电阻的逐渐增大（Coleman 等，2007），使其无法成为非常具有商业优势的解决方案。但是，为缩减解决方案的总体成本，可以将适当的电池组与较小的超级电容器组相结合。本章不涉猎关于该解决方案的讨论。在该论述中，我们使用了最大程度简化的超级电容器模型（Miller，2010）。由于迄今最先进的超级电容的电流泄漏率相对较低，由单个电池组成的没有任何平衡电路的超级电容器组可以充满电，且 $80\% \sim 85\%$ 的能量可以重新利用一整晚时间，因此，电容器组能够基于适用于超级电容器组的电容很小的直流电源缓慢充电。

8.7　正在进行的原型开发实践取得的结果

图 8.3 给出了适用于这种用途的完整的系统概念。为将温度上升水平保持与控制在 $20 \sim 30\,^{\circ}\mathrm{C}$ 范围内，整个系统是在临近水龙头之前 50cm 长的管道设施之内，通过将三个加热线圈组合构建的（电阻范围：$70 \sim 200\,\mathrm{m}\Omega$）。如图 8.3 所示，为开发控制系统，除了流率传感器以外，还在该较短改造管道段的输入端和输出端设置了温度传感器。早期开发阶段，在基于处理器的系统的控制下，使用了多个可独立供应独立加热元件的储能装置组。

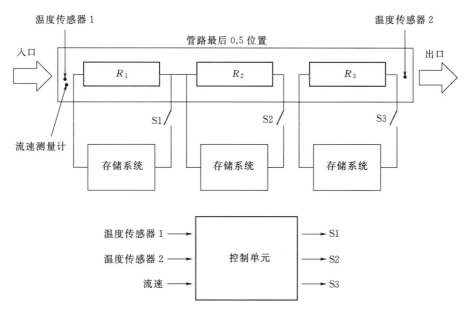

图 8.3　基于超级电容的管路内水加热系统的完整的系统架构

基于上述设计方法，研究小组开发了基于不同电容与额定电压超级电容器组的概念验证实验室系统。实验将热电偶插入管道的入口和出口。图 8.4 所示的温度与时间对比图适用于不同尺寸的超级电容器组，切换延迟各不相同❶。早期实验数据表明，该方案是切实可行的解决方案。

图 8.4（b）展示了切换至加热器线圈的这种超级电容器组，并以额定功率为 2.3kW 的插座供电，通过能够将加热器线圈终端电压保持在 15V 左右的独立变压器，对比了

---

❶　详细资料涉及敏感商业信息，本书不予提供。

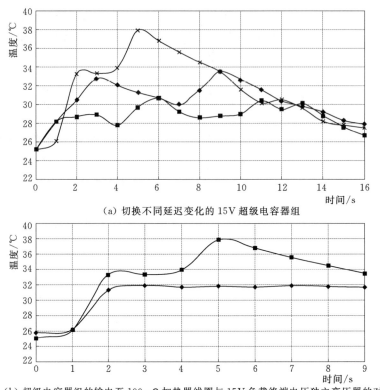

（a）切换不同延迟变化的 15V 超级电容器组

（b）超级电容器组的输电至 100mΩ 加热器线圈与 15V 负载终端电压独立变压器的对比

——◆—— 15V 电压下的变压器（载荷条件）　——■—— 3s 延迟后两个电容器组开启

图 8.4　管路内水加热系统配置的温度升高与时间对比

230V 交流电源的供电情况。对于相同的加热器元件，使用了终端电压能力相同的超级电容器组对，超级电容器组之间有 3s 延迟。我们清楚地看到，虽然变压器可以提供稳态温度上升，但对于商业解决方案，其内部损失过大。

此外，可以清楚地观察到如图 8.4（b）所示的由加热元件构成的 LR 电路造成的变压器初始启动延迟。超级电容器组可以根据适当的存储能量，向上扩展至达到所需平均功率水平（因此温度上升）。为优化时间常量（通过调整管路内加热元件的电阻值），实验尝试了将不同电容器加热器线圈进行组合。

图 8.5 基于额定终端电压为 30V、总等效电容为 58F 的串联超级电容器组能量存储，描述了不同流率下，出口水流的温度与时间。鉴于所示的在 4～8L/min 流率下电阻为 90mΩ 和 180mΩ 的加热线圈示例，我们可以看到，通过调整电路时间常数来管理加热过程是可行的，通常可在中央燃气加热器启动之前的不到 30s 内完成。

8.8　超级电容储能的独特优点

上述概念验证工作清楚地证明了，超级电容储能是一种简捷适当的解决方案。有鉴于

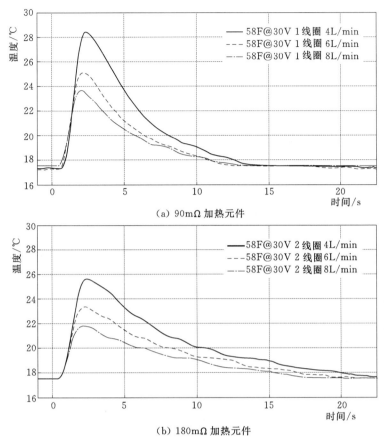

(a) 90mΩ 加热元件

(b) 180mΩ 加热元件

图 8.5　不同流率下的出口温度与时间

以下原因：

（1）常用的超级电容的泄漏率相对较低，可以给电容器组预先充电，并在 8h 周期结束时，保持在总能量的近 85% 水平（即：夜间充电，清早可使用热水）。

（2）由于用水的统计属性，预储能解决方案切实可行。

（3）由于加热器线圈仅可连续低于 3s 向冷水输电，因此，系统部件不会出现由于功率过大而过度加热的情况。

（4）典型超级电容器组和加热线圈的实际时间常数 [图 8.2（a）] 范围为 1~10s，与中央热水输配的延迟时间相当。

8.9　实施难点

初始原型构建阶段，确定了如下几个实施难点：

（1）优化超级电容器组，达到所需储能能力。

（2）为防止过度加热或水流中形成泡沫而在切换至"开"的期间限制能量传输。

（3）开发管路内大功率加热线圈。

（4）在考虑成本和超级电容价格目前趋势的条件下，确定超级电容器组的尺寸（Brouji 等，2009）。

（5）系统集成方面。

在这项工作中，遇到一个有趣的研究难点，即开发基于流动方案的超级电容器组快速充电系统：

（1）将超级电容器组分成三个较小的子单元，并开发能量循环系统。

（2）基于以下三个概念，开发快速充电系统。

1）在极端快速的充电速率下，向超级电容进行有限的能量传输。

2）利用电流留量涌入漏电断路器及其他民用系统内使用的断路器的优势，研究从交流电源实现高能量充电，以达到短时间充电的可行性。

3）针对快速而能量有限的超级电容器组充电需求，研究专用的电路拓扑结构。

目前，怀卡托大学超级电容应用研究组对上述领域工作具有较广泛的研究兴趣。预期超级电容的价格将在未来 5 年内大幅下降（Ultracapacitor market forecast 2015—2020），而随着对这种技术和其他非传统应用的进一步开发，可能会引领人们开始研究与开发新的电力电子领域。

参考文献

[1] Brouji E, et al. Impact of calendar life and cycling ageing on supercapacitor performance[J]. IEEE Trans. Veh. Technol. ,2009,58(8):3917 – 3929.

[2] Coleman M, et al. State – of – charge determination from EMF voltage estimation:using impedance, terminal voltage, and current for lead – acid and lithium – ion batteries[J]. IEEE Trans. Ind. Electron. , 2007, 54(5):2550 – 2557.

[3] Datasheet. System pro M compact miniature circuit breaker S 200/S200M, http://www05. abb. com/global/scot/scot209. nsf/veritydisplay/44c5b5ac208f3f25c1257ad7004ec86a/ $ file/2CDC002157D0202_view. pdf.

[4] Fazekas D J. Control means and process for domestic hot water re – circulating system. US Patent 06613452.

[5] Kularatna N, Tilakaratne L N, Kumaran P K. Design approaches to supercapacitor based surge resist-ant UPS techniques[C]. Proceedings of IEEE – IECON 2011, 2011:4094 – 4099.

[6] Kulartna N, Gattuso A, Gurusinghe N, et al. Prestored supercapacitor energy as a solution for burst energy requirements in domestic inline fast water heating systems[C]. Proceedings of IECON 2014, USA, 2014.

[7] Laing O. Water delivery system and method for making hot water available in domestic hot water in-stallation. US Patent 20130279891. LS Mtron, http://www. lsmtron. com/page/productMain. asp.

[8] Maxwell Technologies, http://www. maxwell. com/ultracapacitors/.

[9] Miller J R. Introduction to electrochemical capacitor technology[J]. IEEE Electr. Insul. ,2010,26(4):40 – 47.

[10] Particular requirement for instantaneous water heaters. AS/NZS 60335. 2. 35, 2004.

[11] Permenter J B. Insulated hot water storage tank for sink. US Patent 10788150.

[12] Residual current operated circuit breakers without integral overcurrent protection for household and similar uses(RCCBs)—part 1:general rules. AS/NZS 61008. 1:2011,2011.

[13] Ultracapacitor Market Forecast 2015—2020, http://www. mar ketresearchmedia. com/?p=912.

附录　电容器和交流线路过滤

电容器的一个最常见的用途是在交流-直流转换器中作为交流线路频率过滤器。通常，半波和全波桥式整流器与足值电解电容器一起使用，以使经过整流的波形变得平滑，继而形成叠加在直流平均电压之上的有限峰值达到 50/60 Hz 或 100/120 Hz 波纹波形的平均直流输出电压。在这一简短的论述中，我们将在交流-直流转换器条件下，对比电解电容器和超级电容器的性能，以说明为什么目前的超级电容器不适合特定应用。

附图 1 展示了简单的全桥整流器和连接至负载的电容器，以及输出电压与时间的对比。在经过简化的示例下，我们可以证明：

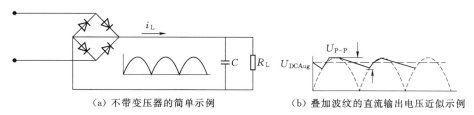

(a) 不带变压器的简单示例　　　　　(b) 叠加波纹的直流输出电压近似示例

附图 1　利用桥式整流器和滤波电容器实现的以交流电源输出的非稳压直流电源

$$U_{DC} \approx U_{peak} - 2U_D - \frac{I_L}{4fC} \tag{1}$$

式中：U_{DC} 为直流输出电压的近似值；U_D 为二极管正向压降；I_L 为平均直流负载电流；f 为交流线路频率；C 为滤波电容器值。

在这种情况下，我们假设这两个串联二极管在每半个波形周期内仅持续工作很短的时间，且在每半个周期内，电容器放电的大致时间与交流输入电源在半个周期内的放电时间非常接近。

但是，实践中使用的电容器并非理想电容器，它具有与电容值相关联的固定等效串联电阻（ESR）。鉴于这种情况，我们可以分析如附图 2 所示示例的使用情况，其中，交流输出源（和串联二极管）的内部电阻为 R_S，所用电阻器与电容器的等效串联电阻为 R_C（该值与电容值 C 关联）。附图 2 (a) 是电路图，附图 2 (b) 展示了经过整流（电容器平滑处理之前）的直流电源的傅里叶（Fourier）串联部件，表明了一组经过整流的交流电波形的谐波分量与平均直流分量。

鉴于上述非理想情况，估计电容器能够过滤波纹，而电路的输出电压能够达到波纹频率分量最小化的直流平均电压。在这种情况下，应用于普通示例的传输函数为

$$\frac{U_o(s)}{U_{in}(s)} = \frac{R_L(R_C Cs + 1)}{[(R_L + R_C)R_S + R_L R_C]Cs + (R_L + R_S)} \tag{A.2}$$

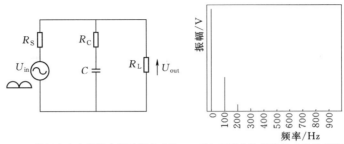

(a) 使用交流电源整流器的概念电路　　　　(b) 经过全波整流的正弦波形谱

附图 2　考虑非理想电容器情况的整流过程概念视图及交流电源整流器组件

电容器的目的是作为低通滤波器最大程度降低由整流过程产生的谐波分量，进而提高直流平均值。附图 3（a）展示了经过整流的电压波形，以及由交流电源输出的电流。在该示例中，我们使用了配备桥式整流器的部件，其具体参数请参见附表 1。附图 3（b）所示是经过整流的输出电压的快速傅里叶变换（FFT）波形，示例中未使用任何电容器。如附图 3（c）所示，将电解电容器加入电路之后，直流输出电压变得顺滑，叠加的波纹非常小。附图 3（d）所示的快速傅里叶变换图中，相比附图 3（b），直流分量显著增大（注意快速傅里叶变换图的 dB 值），其中，大部分高阶谐波由于电容器的有效低通滤波而受到抑制。

附表 1　　　用于展示不同电容器作为交流线路滤波器的影响的测试安装数据

参　　　数	值	备　　　注
独立变压器的交流电输出	5V（rms）	约 200W
负载电阻	20Ω	容差±10%
电解电容器	3300μF、20mΩ 等效串联电阻	Nichicon 公司
超级电容（两个一组串联）	25F、42mΩ	Maxwell 科技公司

附图 3（e）所示是用于替代电解电容器的 25F 超级电容串联组。如图所示，由于在 100Hz 频率下的高阶谐波使电容器表现出的阻抗相比其大致恒定等效串联电阻逐渐降低，继而使电路输出的输入电流显著增大。输入电流中的额外电流在两个电阻器中产生热量（交流电源的输出电阻 R_S 和电容器的等效串联电阻）。

这里有必要注意的是，由于电解电容器的时间常数低于交流电波形在 10ms 内的半个周期时间，因此起到波纹滤波器的作用。仔细观察快速傅里叶变换图，我们能够发现，相比只用整流桥，输出直流分量提高了约 25dB。

仔细观察附图 3（f）所示超级电容的直流分量，我们发现，其值比附图 3（d）所示的电解电容器低 2dB。附图 4 所示是两种情况的伯德图，其中，电解电容器可在约−60°相位角下起到实用低通滤波的作用，而使用超级电容几乎可在零度相位角下达到 100Hz 频率。

由于超级电容的阻抗在 100Hz 及更高频率下可显著降低，使经过整流的交流电源输出的电流因 R_S（结合 R_L）和 R_C 形成的简单的分压器（且电容器阻抗未增大）而增大。

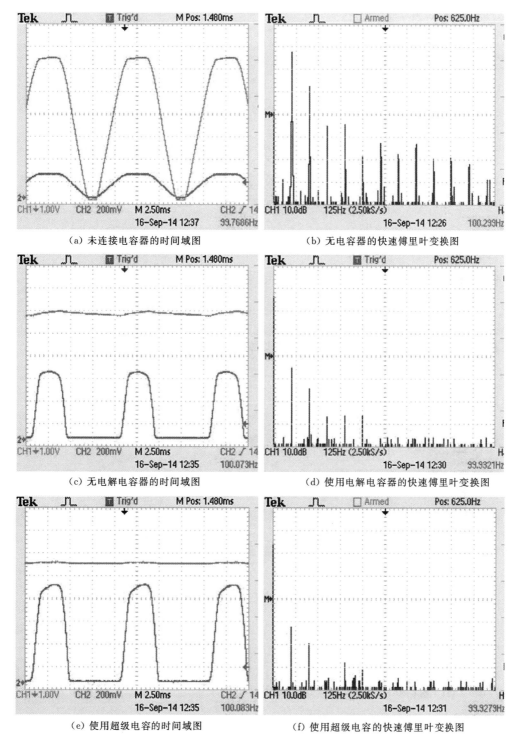

（a）未连接电容器的时间域图   （b）无电容器的快速傅里叶变换图

（c）无电解电容器的时间域图   （d）使用电解电容器的快速傅里叶变换图

（e）使用超级电容的时间域图   （f）使用超级电容的快速傅里叶变换图

附图 3　轻度加载的全波整流情况与过滤输出的时间域图（示波器）和快速傅里叶变换图

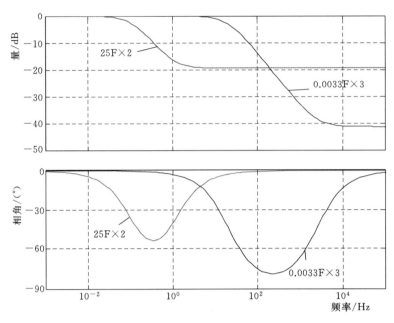

附图 4　两种滤波器情况下的增益与相位图

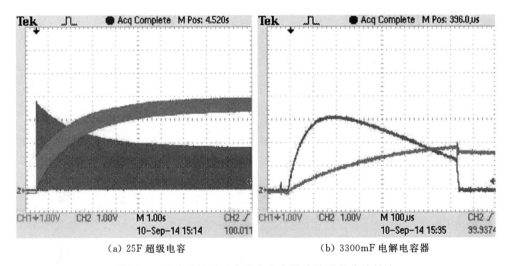

（a）25F 超级电容　　　　　　　　　（b）3300mF 电解电容器

附图 5　通过时间延迟来稳定电容器滤波器的直流输出

这表示，超级电容电路随着这两个部件内产生的热量而产生能量浪费。相比电解电容器，这通常是由于超级电容中大时间常量的影响所致。

　　超级电容的另一个问题是初始时间稳定直流输出的问题，请参见附图 5。在附图 5（a）所示的超级电容示例中，大约需要 6s 的时间来稳定直流输出，而在附图 5（b）所示的示例中，大约只需要 $750\mu s$ 来稳定直流输出。

　　总之，该论述详细阐释了，由于目前的超级电容比电解电容器的恒定时间长，因而无法在交流-直流转换器中执行交流线路过滤的情况。关于该问题，请参阅第 5 章论述。Miller 等（2011）和 Burke、Miller（2008）提供了更多详细说明，并介绍了更好的适用于交流电波纹过滤的超级电容的研究方法。

参考文献

［1］ Burke A F, Miller J R. Electrochemical capacitors：challenges and opportunities for real – world appli-cations［J］. Electrochem. Soc. Interface,2008,17：53.

［2］ Miller J R, Outlaw R A, Holloway B C. Graphene electric double layer capacitor with ultra – high –power performance［J］. Electrochim. Acta,2011,56：10443 – 10449.